HISTOIRE DES PLANTES

MONOGRAPHIE

DES

CASTANÉACÉES

DES

COMBRÉTACÉES

ET DES

RHIZOPHORACÉES

PARIS. — IMPRIMERIE DE E. MARTINET, RUE MIGNON, 2.

HISTOIRE DES PLANTES

MONOGRAPHIE

DES

CASTANÉACÉES

DES

COMBRÉTACÉES

ET DES

RHIZOPHORACÉES

PAR

H. BAILLON

PROFESSEUR D'HISTOIRE NATURELLE MÉDICALE A LA FACULTÉ DE MÉDECINE DE PARIS
DIRECTEUR DU JARDIN BOTANIQUE DE LA FACULTÉ, PRÉSIDENT DE LA SOCIÉTÉ LINNÉENNE DE PARIS

ILLUSTRÉE DE 132 FIGURES DANS LES TEXTES

DESSINS DE FAGUET

PARIS

LIBRAIRIE HACHETTE & Cie

BOULEVARD SAINT-GERMAIN, 79

LONDRES, 18, KING WILLIAM STREET, STRAND

1875

LI

CASTANÉACÉES

I. SÉRIE DES BOULEAUX.

Ce n'est pas par les Châtaigniers, dont elle a reçu son nom, il y a plus d'un siècle, que nous commencerons l'étude de cette famille, attendu qu'ils en représentent un type à ovaire infère et compliqué de la présence d'un involucre tout particulier; mais bien par les Bouleaux[1] (fig. 146-157), dont le gynécée est supère et dont les fleurs sont régulières, apétales et monoïques. Les mâles sont souvent tétramères, et il peut arriver alors, comme on le voit, par exemple, dans le *B. pumila*[2] (fig. 146-150), que leur calice soit formé de quatre sépales. Ils sont rarement égaux en pareil cas; et bien plus souvent l'antérieur est plus développé que les trois autres, qui sont eux-mêmes inégaux. Ces derniers peuvent même disparaître en grande partie ou complétement, comme dans le *B. alba* et autres espèces voisines. L'androcée est représenté par quatre loges allongées, extrorses, déhiscentes par une fente longitudinale[3]. Pour certains auteurs, ce sont autant d'anthères uniloculaires; et pour d'autres (et cette opinion doit probablement être adoptée) ce sont deux anthères seulement, qui sont primitivement superposées à deux des sépales, l'antérieur et le postérieur, et dont les loges sont tout à fait séparées, parce que chacune de ces loges est supportée par une des deux branches d'un filet qui, simple à sa base, se bifurque à une hauteur variable,

Betula pumila.

Fig. 146. Rameau foliifère et florifère.

1. *Betula* T., *Inst.*, 588, t. 360. — L., *Gen.*, n. 1070. — J., *Gen.*, 409. — GÆRTN., *Fruct.*, II, 54, t. 90, fig. 2. — LAMK, *Dict.*, I, 452; Suppl., I, 686; *Ill.*, t. 760. — TURP., in *Dict. sc. nat.*, Atl., t. 301. — SPACH, *Revis. Betulac.*, in *Ann. sc. nat.*, sér. 2, XV, 182; *Suit. à Buffon*, XI, 145. — NEES, *Gen.*, fasc. 4, t. 18. — ENDL., *Gen.*, n. 1840; Suppl., IV, p. II, 19. — PAYER, in *Bull. Soc. bot. de Fr.*, V, 151; *Fam. nat.*, 161. — REGEL, *Monogr. Betul.*, 9; in *DC. Prodr.*, XVI, sect. II, 161.

2. L., *Mantiss.*, 124. — REG., *Prodr.*, 173.

3. Le pollen est aplati, ellipsoïde, un peu triangulaire, avec trois petits pores et de grands

à la façon d'un Y[1]. Les fleurs femelles sont dépourvues de périanthe et ne sont constituées que par un gynécée libre, à ovaire biloculaire[2], surmonté d'un style presque immédiatement divisé en deux longues

Betula pumila.

Fig. 147. Écaille mâle, triflore ($\frac{8}{1}$).

Fig. 148. Écaille mâle triflore, coupe longitudinale.

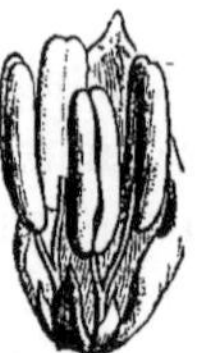

Fig. 149. Fleur mâle.

Fig. 150. Fruit ($\frac{4}{1}$).

branches subulées, chargées de papilles stigmatiques. Dans chacune des loges ovariennes (qui sont, comme les styles, antérieure et postérieure), il y a, dans l'angle interne, un placenta qui supporte un seul[3] ovule descendant, anatrope, avec le micropyle dirigé en haut et en dehors[4]. Le fruit, aplati et bordé de deux ailes membraneuses qui se voyaient déjà sur l'ovaire et qui le rendent samaroïde, est sec[5] et indéhiscent, uniloculaire et monosperme par avortement d'une des graines[6], tandis que l'autre est fertile et renferme sous ses téguments un embryon charnu, droit et dépourvu d'albumen, à radicule supère, à cotylédons charnus et presque plans.

Betula alba.

Fig. 152. Chatons mâles. Fig. 153. Chaton femelle.

Les Bouleaux sont des arbres et des arbustes qui croissent dans les régions froides et tempérées des deux mondes[7]. Ils ont des feuilles

halos. (H. MOHL, in *Ann. sc. nat.*, sér. 2, III, 312.)

1. En admettant quatre étamines, on les a décrites, par conséquent, comme diadelphes.

2. En réalité uniloculaire et possédant primitivement deux placentas pariétaux qui se rejoignent vers le centre de la cavité, l'un deux avortant généralement plus ou moins complétement.

3. Très-rarement à une loge répondent deux ovules, dont un seul parfaitement développé.

4. Il a un simple tégument.

5. Au centre, l'ovaire est traversé par un faisceau vertical, entouré lui-même d'un tissu cellulaire désagrégé, qui fait partie de la paroi, très-épaisse inférieurement du péricarpe.

6. Assez souvent il y en a deux, mais dans ce cas fréquemment stériles l'une et l'autre.

7. Comme le sont les Bétulées en général, sauf une espèce d'*Alnus* qui habite l'Afrique australe (REG.). Celles qui, en bien plus petit nombre, s'observent dans l'Asie et l'Amérique tropicales, croissent sur les montagnes élevées.

alternes, simples, dentées ou entières, non persistantes, à pétiole accompagné à sa base de deux stipules latérales caduques. Jeunes, elles sont plissées et équitantes, dans l'intérieur d'un bourgeon écailleux. Les fleurs sont généralement monoïques et réunies en chatons unisexués, lesquels sont solitaires, ou plus rarement rassemblés en grappes[1], au nombre de deux à quatre, comme il arrive dans les espèces asiatiques dont on a fait le genre *Betulaster*[2]. Dans l'aisselle de chacune des écailles du chaton mâle, il y a une cyme, formée généralement de trois fleurs, une médiane et deux latérales, soulevées sur l'écaille axillante et accompagnées de deux écailles secondaires, également soulevées et intérieures de chaque côté[3]. Dans les chatons femelles, il y a, dans l'aisselle de chaque écaille accompagnée aussi de quatre écailles secondaires, une cyme bipare et triflore ou plus souvent réduite à deux fleurs[4]. Dans le chaton fructifère, les écailles principales accrues et accompagnées des écailles secondaires qui font corps avec elles[5], se détachent de bonne heure ou persistent plus ou moins longtemps sur l'axe du chaton, avec les samares, qu'elles cachent complétement dans tous les Bouleaux proprement dits[6], tandis

Betula alba.

Fig. 154. Écaille florifère mâle, sans les fleurs.

Fig. 153. Fleurs mâles.

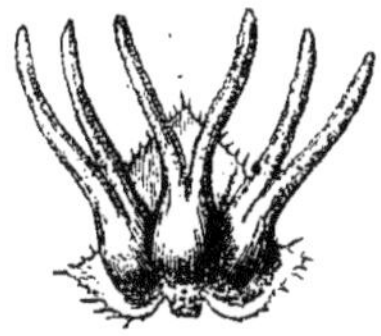

Fig. 156. Cyme femelle triflore.

Fig. 151. Rameau foliifère jeune.

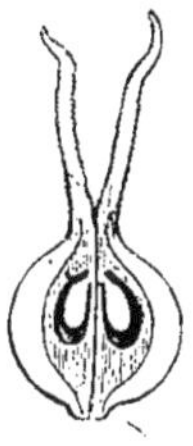

Fig. 157. Fleur femelle, coupe longitudinale ($\frac{4}{1}$).

1. Souvent, comme dans le *B. fruticosa*, l'axe d'un chaton femelle s'épaissit et persiste dans sa portion inférieure qui porte un bourgeon, et ce dernier se développe ultérieurement en un rameau qui peut, l'année suivante, porter des feuilles et des fleurs, et dont les chatons femelles auront de même une base persistante.

2. SPACH, in *Ann. sc. nat.*, sér. 2, XV, 182, 198. — ENDL., *Gen.*, Suppl., IV, p. II, 20.

3. On les a souvent considérées comme les stipules de la bractée ou écaille principale. Avant leur déplacement tardif, elles paraissent représenter, quant à leur situation, deux bractéoles latérales dont les fleurs latérales de l'inflorescence occuperaient l'aisselle.

4. A cause de l'avortement, assez ordinaire dans le genre, de la fleur terminale.

5. De façon que l'ensemble figure alors une bractée rigide, trilobée supérieurement.

6. Sect. *Eubetula* REG., *Prodr.*, 162, sect. 1.

qu'elles sont plus courtes que les fruits dans les *Betulaster*[1]. On admet aujourd'hui une trentaine d'espèces dans le genre[2] ainsi limité.

Les Aunes[3] (fig. 158-167) sont très-peu différents des Bouleaux, auxquels ils étaient autrefois réunis. Leurs fleurs sont aussi monoïques et

Alnus cordifolia.

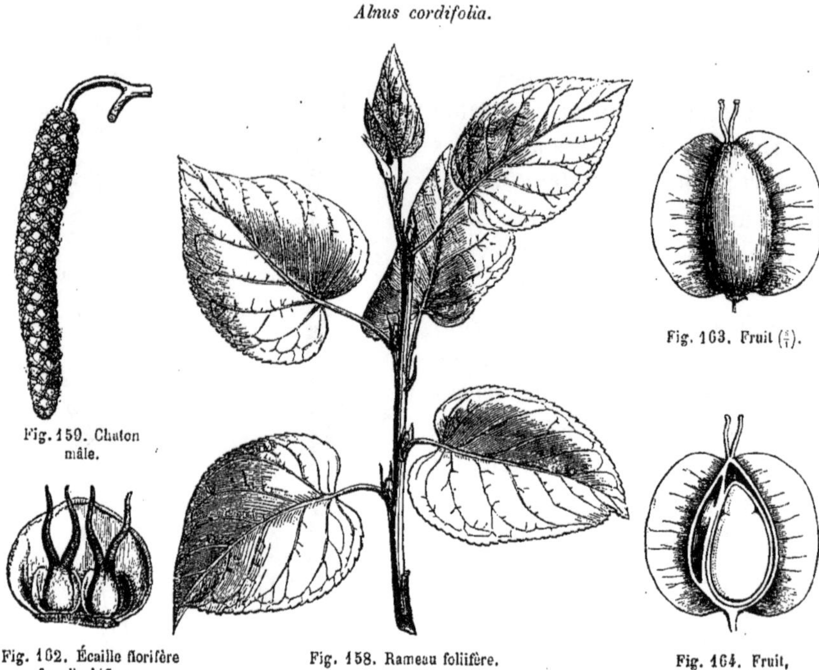

Fig. 159. Chaton mâle.

Fig. 163. Fruit ($\frac{5}{1}$).

Fig. 162. Écaille florifère femelle biflore.

Fig. 158. Rameau foliifère.

Fig. 164. Fruit, coupe longitudinale.

disposées en chatons. A l'aisselle des écailles du chaton mâle, il y a généralement trois fleurs formant une cyme, ou, plus rarement, une seule fleur ; et les écailles secondaires, soulevées avec les fleurs sur l'écaille principale, sont généralement au nombre de quatre, deux de chaque côté. Le périanthe, parfois peu développé, est formé de quatre folioles,

1. REG., *Prodr.*, 179 (sect. 2).

2. L., *Spec.*, ed. 2, II, 1193 ; *Mantiss.*, 124. — W., *Spec.*, IV, 462. — PALL., *Fl. ross.*, I, 60, t. 39, 40. — LEDEB., *Fl. ross.*, III, 649. — MICHX, *Fl. bor.-amer.*, II, 180. — KOCH, *Syn. Fl. germ.*, ed. 2, 760. — TRAUTV. et MEY., in *Middend. Reis. fl. och.*, 81. — SCHRANK, *Fl. baical.*, I, 421. — FR., *Summ. veg. Scand.*, I, 212. — BGE, *Fl. alt. Suppl.*, in *Mém. Acad. Pétersb.* (1835), 506. — CHAM., in *Linnæa*, VI, 537, t. 6. — WALL., *Pl. as. rar.*, II, 7, t. 109. — DON, *Prodr. Fl. nep.*, 58. — SPACH, in *Jacquem. Voy.*, *Bot.*, t. 158. — SIEB. et ZUCC., in *Abh. d. Kœn. Baier. Ak.*, IV, Abth. 3, 228. — MIQ., in *Ann. Mus. lugd.-bat.*, II, 136. — GREN. et GODR., *Fl. de Fr.*, III, 146.

3. *Alnus* T., *Inst.*, 587, t. 359. — LAMK, *Dict.*, I, 330. — NEES, *Gen.*, IV, t. 19. — ENDL., *Gen.*, n. 1841 ; Suppl., IV, p. II, 20. — SPACH, in *Ann. sc. nat.*, sér. 2, XV, 124, 203 ; *Suit. à Buffon*, XI, 246. — REG., *Monogr. Betul.*, 73 ; in *DC. Prodr.*, XVI, sect. II, 180.

libres ou unies à la base, et les étamines, en même nombre, leur sont superposées. Rarement la fleur est 10-12-mère et 10-12-andre[1]. Dans le chaton femelle, ordinairement plus court, plus rigide que celui des Bouleaux, et dressé, il n'y a que deux fleurs à l'aisselle de chacune des écailles épaisses, la médiane avortant. Le gynécée est semblable à celui des Bouleaux, et le fruit, sec et monosperme, est aptère ou entouré d'une aile membraneuse. Les écailles axillantes y deviennent ligneuses. Les Aunes sont des arbres et arbustes des régions tempérées et froides de l'hémisphère boréal des deux mondes, rares dans l'Amérique du Sud et l'Afrique australe. Leurs organes de végétation sont analogues à ceux des Bouleaux. Leurs feuilles sont accompagnées de stipules latérales. Leurs fleurs se développent quelquefois en même temps que les feuilles, mais plus souvent elles sont précoces, et dans ce cas les femelles peuvent, comme dans les espèces dont on a fait le genre *Alnaster*[2], sortir de bourgeons qui portent une ou quelques feuilles. Souvent leurs chatons sont solitaires, et plus rarement ils sont rapprochés en grappes[3]. On énumère une quinzaine d'espèces d'Aunes[4].

Alnus cordifolia.

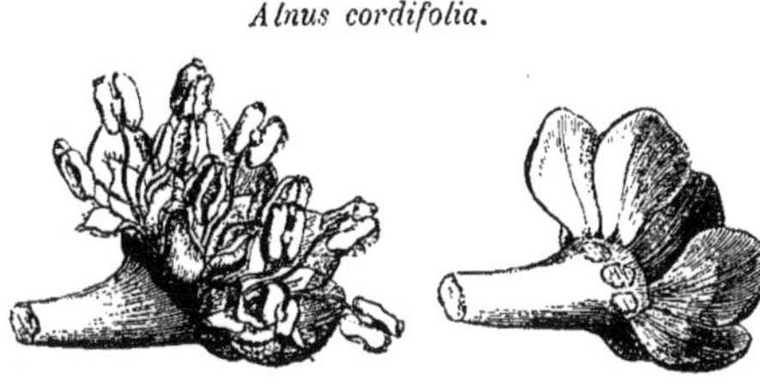

Fig. 160. Écaille florifère mâle triflore. Fig. 161. Écaille florifère mâle, les trois fleurs enlevées.

Alnus glutinosa.

Fig. 165. Écaille florifère mâle, vue de côté.

Fig. 167. Fruit composé. Fig. 166. Fleur mâle.

1. Dans les *A. nitida* ENDL. et *nepalensis* DON, dont on a fait le g. *Clethropsis* (SPACH, in *Ann. sc. nat.*, sér. 2, XV, 183, 201).

2. SPACH, in *Ann. sc. nat.*, sér. 2, XV, 200 ; *Suit. à Buffon*, XI, 244.

3. D'après ces cas, M. REGEL partage le g. en 4 sect. : 1. *Clethropsis* (SPACH). Fleurs développées en même temps que les feuilles. Ecailles mâles uniflores. Fleur mâle 10-12-mère. — 2. *Alnaster* (ENDL.). Fleurs précoces. Chatons mâles sortant de bourgeons 1-3-phylles. Ecailles 3-flores. Fruits à aile membraneuse. — 3. *Phyllothyrsus* (SPACH). Fleurs développées en même temps que les feuilles. Ecailles 3-flores. Bourgeons floraux aphylles. Fruits à aile membraneuse. — 4. *Gymnothyrsus* (SPACH). Fleurs précoces. Ecailles 3-flores. Bourgeons floraux aphylles. Fruits aptères ou à aile coriace.

4. L., *Spec.*, 1314 (*Betula*). — GÆRTN., *Fruct.*, II, 54, t. 90 (*Betula*). — LAMK, *Dict.*, I, 454 (*Betula*). — AIT., *Hort. kew.*, III, 139 (*Betula*). — EHRH., *Beitr.*, 72 (*Betula*). — MIRB., in *Mém. Mus.*, XIV, 464, t. 22. — W., *Spec.*, IV, 334. — H. B. K., *Nov. gen. et spec.*, II, 16. — DC., *Fl. franç.*, III, 304. — DON, *Prodr. Fl. nepal.*, 58. — BONG., in *Mém. Pétersb.*, sér. 6, II, 162. — NUTT., *Sylv. amer.*, Suppl., I, 34, t. 10. — TEN., *Fl. nap. Prodr.*,

II. SÉRIE DES COUDRIERS.

Dans la plupart des Coudriers ou Noisetiers[1] (fig. 168-174), les fleurs, amentacées et monoïques, sont apétales et régulières. Les chatons mâles,

Corylus Avellana.

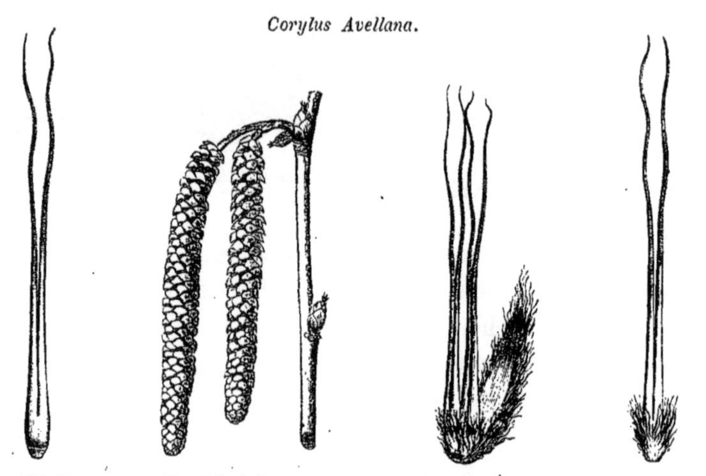

Fig. 171. Fleur femelle. Fig. 168. Inflorescences mâles et femelles. Fig. 169. Écaille femelle biflore. Fig. 170. Fleur femelle entourée du jeune involucre.

semblables à ceux des Bouleaux, portent de nombreuses écailles alternes, et en dedans de celles-ci s'observent presque toujours deux écailles latérales soulevées avec elles[2]. Vers le point d'union de ces divers appendices s'insèrent les étamines, le plus souvent au nombre de huit[3], formées chacune d'un filet et d'une anthère uniloculaire[4], extrorse[5],

54; *Icon.*, II, 340, t. 99. — DCNE, in *Ann. sc. nat.*, sér. 2, IV, 348. — SIEB. et ZUCC., in *Abh. Akad. Münch.*, IV, Abth. 3, 230. — TAUSCH, in *Flora* (1834), 520. — POEPP. et ENDL., *Nov. gen. et spec.*, t. 198, fig. C. — MIQ., in *Ann. Mus. lugd.-bat.*, II, 137. — A. GRAY, *Man.*, ed. 5, 460. — BERTOL., *Fl. ital.*, X, 163. — LEDEB., *Fl. ross.*, III., 657. — RUPR., in *Bull. Acad. Pétersb.*, (1857), 558. — GREN. et GODR., *Fl. de Fr.*, III, 148.

1. *Corylus* T., *Inst.*, 581, t. 347. — L., *Gen.*, n. 730. — ADANS., *Fam. des pl.*, II, 375. — J., *Gen.*, 410. — LAMK, *Dict.*, IV, 495; Suppl., IV, 101; *Ill.*, t. 780. — GÆRTN., *Fruct.*, II, 52, t. 89. — SCHKUHR, *Handb.*, t. 305. — TURP., in *Dict. sc. nat.*, Atl., t. 302, 303. — NEES, *Gen.*, II, 22. — SPACH, *Suit. à Buffon*, XI, 205. — ENDL., *Gen.*, n. 1844. — SCHACHT, *Lehrb.*, 441, t. 9; *Der Baum*, t. 4. — PAYER, *Fam. nat.*, 163. — A. DC., *Prodr.*, XVI, sect. II, 129. — H. BN, in *Compt. rend. Acad. sc.*, LXXVII, 61; in *Compt. rend. Ass. franç.*, I (1872), 496, t. 9; in *Adansonia*, XI, t. 6.

2. Elles manquent notamment dans l'*Ostryopsis*. On les a considérées comme des stipules latérales des bractées principales; pour d'autres, ce sont des prophylles (DŒLL, *Rhein. Fl.*, 273; *Zur Erkl. Laubkn. Ament.*, 19, fig. 6).

3. Il y en a rarement plus et souvent moins, surtout dans les fleurs voisines du sommet du chaton. Celles-ci peuvent même n'être que 2-andres. M. DECAISNE décrit par inadvertance les *Ostryopsis* comme 4-andres; ils ont souvent autant d'étamines que les autres *Corylus*.

4. « Potius (theoretice) stamina 4, nunc antheris et filamentis partitione divisis. » (A. DC.)

5. Elles sont extrorses, non par rapport à l'axe de l'inflorescence (car les plus inférieures et intérieures sont introrses par rapport à lui), mais bien par rapport au centre de la fleur.

déhiscente par une fente longitudinale [1]. Les fleurs femelles sont disposées en un chaton très-court et gemmiforme (fig. 172), à bractées alternes et imbriquées, peu nombreuses. Dans l'aisselle de chacune d'elles se trouvent les fleurs, disposées par paires et entourées chacune par un involucre chargé de poils, formé par la bractée latérale secondaire, ici plus ou moins profondément découpée et faisant finalement le tour du réceptacle floral. Celui-ci a la forme d'un sac à ouverture étroite, renfermant dans sa cavité l'ovaire adné et surmonté d'un petit calice annulaire, très-court, épigyne et entourant la base d'un style promptement partagé en deux grandes branches subulées stigmatifères, colorées en rouge [2]. Dans l'ovaire infère [3], il y avait primitivement deux placentas pariétaux qui se rejoignent suivant l'axe de la cavité pour former deux loges, et chacun d'eux peut porter deux ovules; mais ordinairement chacune des loges, dans la fleur adulte, ne renferme qu'un seul ovule [4], descendant, anatrope, avec le micropyle dirigé en haut et en dehors [5]. Le fruit, autour duquel la bractée secondaire, formant involucre, a pris la forme d'un long sac herbacé, est un achaine dont le péricarpe, sec et indéhiscent, uniloculaire et monosperme [6], est formé en partie des parois durcies de la poche réceptaculaire; il est couronné des cicatrices du style et du calice. La graine descendante, entourée d'un tissu mou, désagrégé [7], ren-

Corylus Avellana.

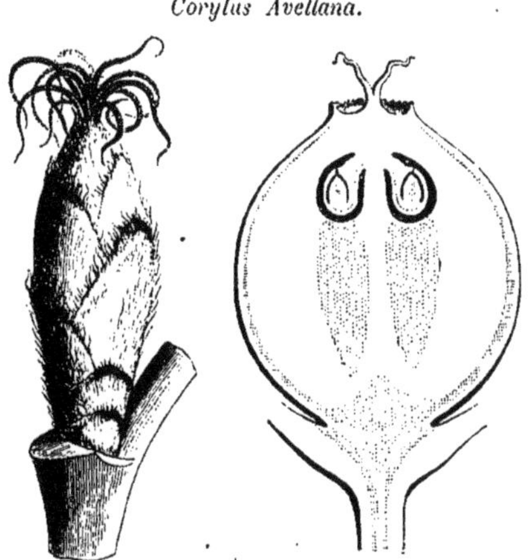

Fig. 172. Inflorescence femelle ($\frac{4}{1}$).

Fig. 173. Jeune fruit, coupe longitudinale ($\frac{4}{1}$).

1. Le pollen est, d'après H. MOHL, semblable à celui des Bétulées. Ses grains sphériques s'ouvrent par trois pores (HASS., in *Ann. and Mag. Nat. Hist.*, IX, 556).

2. C'est la seule portion de la fleur femelle qui existe à l'époque de la floraison.

3. Qui ne se forme que beaucoup plus tard, vers le milieu du printemps.

4. Il peut, à la rigueur, exister quatre ovules, deux sur chaque placenta, dont deux s'arrêtent plus ou moins tôt dans leur développement. Les deux ovules qui persistent peuvent appartenir à un même placenta ; mais, plus souvent, ils s'insèrent chacun sur un placenta, et répondent, chacun, à une loge différente. Très-rarement les deux ovules qui persistent se trouvent insérés sur deux placentas différents et proéminent néanmoins dans une même loge.

5. Ils n'ont qu'une enveloppe.

6. Il est souvent disperme ; mais l'une des graines est parfois réduite à de petites dimensions.

7. Ce tissu, qui se raréfie et brunit dans le fruit mûr, mais qui était primitivement blanc et plus ferme, parcouru par un faisceau vertical central, n'est pas développé dans la cavité de la loge, qui, elle, occupe sa partie supérieure ; c'est une couche hypertrophiée du péricarpe lui-même, c'est-à-dire du réceptacle floral.

ferme sous ses téguments un gros embryon charnu et rectiligne, à cotylédons épais et huileux, plan-convexes, et à courte radicule supère. Il y a des Coudriers dans lesquels l'involucre foliacé est fort allongé en tube au delà du fruit; on les a nommés *Tubo-Avellana*[1]; et d'autres dont le large involucre se partage sur ses bords en dents épineuses ramifiées qui rappellent assez bien les aiguillons des Châtaignes : ce sont des *Acanthochlamys*[2]. D'autres encore, comme le *C. Davidiana* (fig. 174), espèce du nord-est de l'Asie, ont un petit fruit, entouré, outre l'involucre sacciforme, membraneux, d'une assez grande bractée extérieure, accrescente et fendue en dedans; on en a fait un genre *Ostryopsis*[3]. Ainsi compris, le genre *Corylus*[4] est formé de huit espèces[5], originaires, dans les deux mondes, des régions tempérées de l'hémisphère boréal. Ce sont des arbustes ou des arbrisseaux, à feuilles alternes, penninerves[6], dentées, avec un pétiole accompagné à sa base de deux stipules latérales caduques. Leurs chatons mâles sont solitaires, pendants, ou disposés en grappes sur le bois des rameaux où ils se développent en hiver, avant les feuilles. Les chatons femelles, bien plus courts, se montrent un peu plus tard sur les rameaux de l'année précédente, mais également avant les feuilles et sont d'abord à peu près sessiles. Leur très-court support est un rameau qui, pendant la maturation du fruit, s'allonge et présente finalement, au-dessous des achaines, généralement peu nombreux, souvent géminés, qui le terminent, plusieurs feuilles alternes, semblables à celles des autres rameaux.

Corylus Davidiana.

Fig. 174. Écaille florifère mâle tétrandre (5/1).

A côté des *Corylus* se placent les Charmes[7], dont les fleurs sont à peu

1. SPACH, in *Ann. sc. nat.*, sér. 2, XVI, 106, sect. 2. — A. DC., *Prodr.*, 133, § 2.

2. SPACH, *loc. cit.*, 108. — A. DC., *Prodr.*, 129.

3. DCNE, in *Bull. Soc. bot. de Fr.*, XX, 155.

4. CORYLUS sect. 4. { 1. *Avellana* (BAUH. — SPACH). 2. *Tubo-Avellana* (SPACH). 3. *Ostryopsis* (DCNE). 4. *Acanthochlamys* (SPACH).

5. J. BAUH., *Hist.*, I, 270 (*Avellana*). — CLUS., *Hist.*, 11 (*Avellana*). — L., *Hort. Cliff.*, 448; *Spec.*, 1417. — AIT., *Hort. kew.*, III, 364. — DUHAM., *Arbr.*, éd. nouv., IV, 20. — WALT., *Fl. carol.*, 236. — MICHX, *Fl. bor.-amer.*, II, 201. — TRAUTV., *Ic. ross.*, I, 10, t. 4. — FISCH., in *Flora* (1834), Beibl., 24. — REICHB., *Ic.*, t. 636-638. — WALL., *Pl. as. rar.*, I, 77, t. 87. — REG., *Veg. Amur.*, 489. — BENTH., *Pl. Hartweg.*, n. 1960. — A. GRAY, *Man.*, ed. 5, 456. — CHAPM., *Fl. S. Unit. St.*, 425. — HART., *Forst. Cult. Pfl. Deutschl.*, 217, t. 15-17. — DOCHNAHL, in *D. Obstkunde*, IV, 29. — GREN. et GODR., *Fl. de Fr.*, III, 119.

6. Dans le bourgeon, elles sont pliées longitudinalement suivant la nervure principale, et regardent, par conséquent, le rameau qui les porte par un côté. (DŒLL, *loc. cit.* — HENRY, in *Act. nat. Cur.*, XXII, p. I, t. 28.)

7. *Carpinus* T., *Inst.*, 582, t. 348. — L., *Gen.*, n. 1073. — J., *Gen.*, 409. — GÆRTN., *Fruct.*, II, 52, t. 89. — LAMK, *Dict.*, I, 707; Suppl., II, 202; *Ill.*, t. 780. — SCHKUHR, *Handb.*, t. 304. — SPACH, *Suit. à Buffon*, XI, 219; in *Ann. sc. nat.*, sér. 2, XVI, 248. — NEES, *Gen.*, II, 20. — ENDL., *Gen.*, n. 1843. — DŒLL, *Zur Erklaer. Laubkn. Ament.*, 15, fig. 13, 14. — SCHACHT, *Lehrb.*, II, 440; *Der Baum*, t. 4, fig. 1-9. — PAYER, *Fam. nat.*, 164. — A. DC., *Prodr.*, XVI, sect. II, 125.

près les mêmes, également monoïques, précoces et amentacées. Les étamines sont au nombre de trois à vingt dans l'aisselle des bractées du chaton mâle (fig. 175) et elles sont formées d'un filet libre, grêle, bifurqué en Y, et d'une loge d'anthère extrorse, surmontant chacune des branches, déhiscente suivant sa longueur[1]. Dans le chaton femelle, grêle

Carpinus Betulus.

Fig. 176. Rameau florifère femelle. Fig. 179. Rameau fructifère.

et allongé (fig. 176), les bractées alternes, caduques, répondent à deux fleurs (fig. 177, 178) qui occupent chacune l'aisselle d'une bractée latérale. Contrairement à celle des Coudriers, celle-ci, tout en persistant et en s'accroissant à côté du fruit, n'enveloppe pas complétement ce dernier et demeure foliacée, rigide, trilobée[2] (fig. 179, 180). L'ovaire, surmonté d'un petit calice denté et d'un style semblable à celui des Noisetiers, a la même organisation et est partagé finalement en deux loges par deux placentas primitivement pariétaux, portant aussi chacun un ou deux

1. Leur sommet est ordinairement surmonté d'un bouquet de poils. Le pollen est semblable à celui des *Corylus*. (H. MOHL.)

2. Elle se comporte de même dans les *C. japonica* BL., *cordata* BL., *laxiflora* BL. (*Mus. lugd.-bat.*, I, 308), dont on a fait le genre *Distegocarpus* (SIEB. et ZUCC., *Fl. jap. Fam. nat.*, II, 102, t. 3; — A. DC., *Prodr.*, 127), et qui ne nous semblent devoir former qu'une section (à fruit sublobé ?) du g. *Carpinus*. Une sorte de petite ligule arrondie s'y voit en dedans des bractées secondaires.

ovules semblables à ceux des *Corylus*. Le fruit est le même, quoique en général plus petit et moins dur, parcouru de nervures verticales saillantes. Dans les *Carpinus Ostrya*[1] et *virginiana*[2], dont on a fait le genre *Ostrya*[3], la bractée latérale, foliacée comme celle des Charmes proprement dits, entoure l'ovaire, puis le fruit, d'une sorte de sac membraneux et conique, fermé, finalement chargé de poils rigides très-fins et qui s'insinuent facilement dans la peau. Par là, ces espèces, dont tous les autres caractères sont d'ailleurs ceux des Charmes, et qui, pour nous, ne constitueront qu'une section de ce genre, servent d'intermédiaires aux *Corylus* et aux autres *Carpinus*. Il y a une dizaine d'espèces[4] de Charmes; elles habitent les ré-

Carpinus Betulus.

Fig. 178. Fleur femelle ($\frac{12}{1}$).

Fig. 177. Écaille florifère femelle.

Fig. 180. Fruit.

Fig. 175. Ecaille florifère mâle ($\frac{6}{1}$).

gions tempérées des deux mondes. Ce sont des arbres ou des arbustes, à feuilles alternes, penninerves, à doubles dents de scie; plissées dans le bourgeon suivant les nervures secondaires[5], accompagnées à leur base de deux stipules latérales caduques[6]. Leurs chatons mâles sont latéraux; et leurs chatons femelles, terminaux. Lors de la fructification, ces derniers sont allongés, pendants et racémiformes (fig. 176).

1. L., *Spec.*, 1417 (quoad plant. europ.).

2. LAMK, *Dict.*, I, 700, n. 4.

3. MICHELI, *Gen.*, 223, t. 104. — NEES, *Gen.*, I, t. 13. — SPACH, *Suit. à Buffon*, XI, 215; in *Ann. sc. nat.*, sér. 2, XVI, 243. — ENDL., *Gen.*, n. 1842; Suppl., IV, p. II, 22. — A. DC., *Prodr.*, XVI, p. II, 124.

4. L., *Spec.*, 1416. — LEDEB., *Fl. ross.*, III, 586. — WALT., *Fl. carol.*, 236. — LINDL., in *Wall. Pl. as. rar.*, II, 4, t. 106. — REICHB., *Ic.*, t. 633-635. — SCOP., *Fl. carniol.* (ed. 1772), n. 1190, t. 60. — WATS., *Dendr.*, t. 143 (*Ostrya*), 157. — MIQ., in *Ann. Mus. lugd.-bat.*, I, 121. — A. GRAY, *Man.*, ed. 5, 457. — CHAPM., *Fl. S. Unit. St.*, 425. — GREN. et GODR., *Fl. de Fr.*, III, 120. — WALP., *Ann.*, III, 379.

5. Caractère pour certains auteurs (A. DC., *Prodr.*, 124) d'une tribu des Carpinées dans la famille des Corylacées. Sur la préfol., voy. ZUCC., *Char. Holzgew.*, t. 2. — HENRY, in *Act. nat. Cur.*, XXII, p. I, t. 29.

6. Sur la gemmation surnuméraire du *Carpinus Betulus*, voy. VIAUD-GRANDMARAIS, in *Bull. Soc. bot. de Fr.*, VII, 839.

III. SÉRIE DES CHÊNES.

Les fleurs des Chênes[1] (fig. 181-188) sont monoïques et disposées en épis. Ceux qui portent les fleurs mâles (fig. 181, 183) ont un axe grêle, souvent pendant, et des bractées alternes, à l'aisselle desquelles sont les

Quercus Robur.

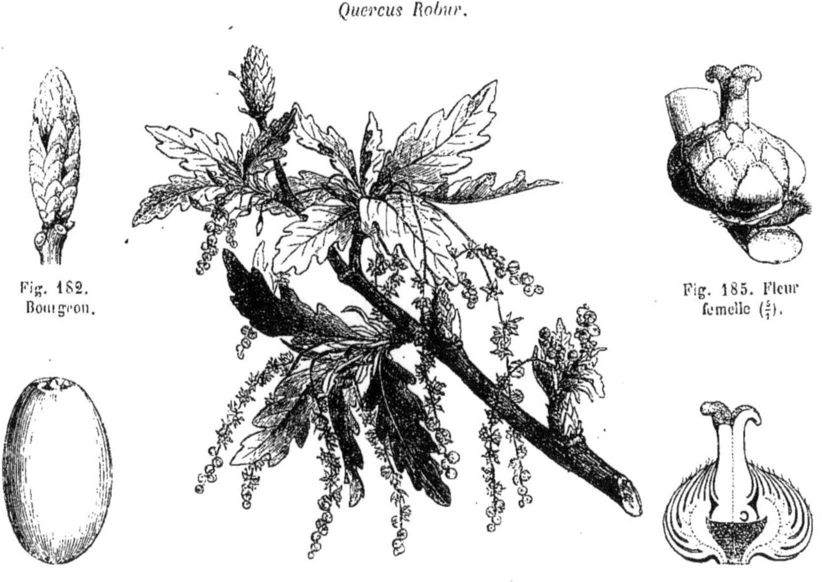

Fig. 182. Bourgeon.

Fig. 185. Fleur femelle ($\frac{5}{1}$).

Fig. 188. Graine.

Fig. 181. Rameau florifère.

Fig. 186. Fleur femelle, coupe longitudinale.

fleurs, solitaires ou rapprochées en glomérules. Elles sont souvent pentamères ; mais leur calice peut avoir un nombre moindre de divisions, généralement unies inférieurement, ou un nombre plus considérable[2], et elles sont imbriquées ou valvaires dans la préfloraison. Leur androcée est souvent formé d'un nombre d'étamines égal à celui des sépales auxquels elles sont superposées ; mais il peut aussi exister un nombre égal ou inférieur d'étamines alternes. En somme, le nombre des pièces de l'an-

1. *Quercus* T., *Inst.*, 582, t. 349. — L., *Gen.* (ed. 1), 726. — J., *Gen.*, 410, 452. — GÆRTN., *Fruct.*, I, t. 37. — LAMK, *Dict.*, I, 715 ; Suppl., II, 200 ; *Ill.*, t. 779. — SCHKUHR, *Handb.*, t. 301, 302. — NEES, *Gen.*, II, 23. — SPACH, *Suit. à Buffon*, XI, 145. — ENDL., *Gen.*, n. 1845 ; Suppl., IV, p. II, 24. — SCHACHT, *Beitr.*, I, 36, t. 3 ; *Der Baum*, t. 3. — PAYER, *Fam. nat.*, 164. — A. DC., in *Seem. Journ. Bot.* (1863), 182 ; in *Ann. sc. nat.*, sér. 4, XVIII, 49 ; *Prodr.*, XVI, sect. II, 2. — *Ilex* T., *Inst.*, 583, t. 350. — *Suber* T., *Inst.*, 584. — *Synædris* LINDL., *Introd.* (ed. 2), 441. — *Lithocarpus* BL., *Bijdr.*, 526 ; *Fl. jav.*, fasc. 13, 34, t. 20. — ENDL., *Gen.*, n. 1846.

2. Jusqu'à une douzaine.

drocée peut descendre jusqu'à trois ou quatre et s'élever jusqu'à une quinzaine. Toutes sont formées d'un filet libre, grêle et inséré au centre du réceptacle floral, rarement sous un gynécée rudimentaire, et d'une anthère exserte, biloculaire, extrorse, déhiscente par deux fentes longitudinales[1]. Le chaton femelle (fig. 184) est ordinairement plus épais,

Quercus Robur.

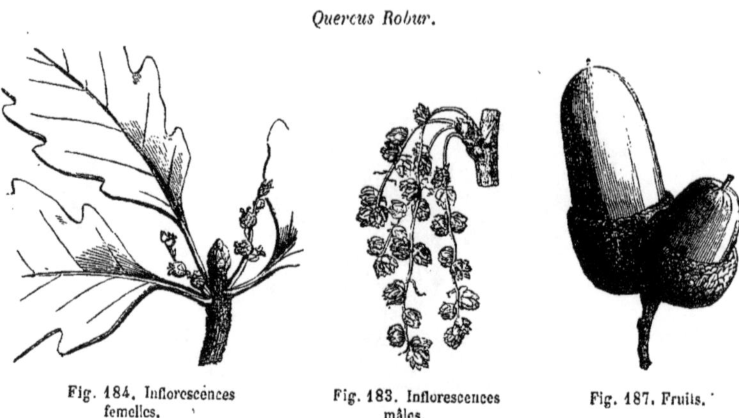

Fig. 184. Inflorescences femelles. Fig. 183. Inflorescences mâles. Fig. 187. Fruits.

plus rigide, chargé d'un nombre moins élevé de fleurs[2]. Elles ont un réceptacle en forme de gourde, à goulot plus ou moins allongé et dont la cavité loge en totalité l'ovaire infère (fig. 185, 186), tandis que son ouverture supérieure porte un calice qui a souvent six[3] divisions imbriquées sur deux rangs, plus rarement un nombre inférieur ou supérieur[4]. L'ovaire est surmonté d'un style à trois branches de forme variable[5], souvent épaissies, dilatées et obtuses à leur extrémité stigmatifère, entière ou légèrement lobée. Il renferme trois[6] loges, plus ou moins incomplètes, soit en haut, soit en bas, et qui contiennent chacune deux ovules collatéraux, descendants, plus ou moins complétement anatropes, avec le micropyle extérieur et supérieur[7]. L'ovaire est, à sa base, entouré jusqu'à une hauteur variable d'une cupule toute chargée en dehors de saillies bractéiformes de dimensions fort variables (fig. 185, 186), assez souvent presque lisse ou simplement parcourue de replis ou de rides à peu près horizontales ou obliques[8]. Cette cupule persiste

1. Le pollen est « arrondi; trois plis; dans l'eau trois bandes linéaires » (H. MOHL, in *Ann. sc. nat.*, sér. 2, III, 312).

2. Assez souvent deux ou même une seule.

3. De quatre à neuf.

4. Il y a çà et là des fleurs anormales, avec une ou plusieurs étamines stériles ou fertiles, soit en dedans, soit en dehors du périanthe.

5. Rarement linéaires, dressées (voy. p. 230).

6. Quelquefois deux ou quatre.

7. A double tégument.

8. On a beaucoup discuté sur la signification

en s'épaississant et se lignifiant autour du fruit (fig. 187) qu'elle peut même envelopper complétement[1], et qui est un achaine, le *gland*, inséré par une large surface en forme de cicatrice au fond de sa cupule[2], dont il finit généralement par se séparer[3], et surmonté des restes du calice supère et des styles. Il ne renferme ordinairement qu'une seule graine fertile (fig. 188), descendante, accompagnée, en un point très-variable de sa hauteur[4], des cinq autres graines, petites et stériles, et elle contient, sous ses téguments, un gros embryon charnu, dépourvu d'albumen, à cotylédons épais, plan-convexes, tantôt lisses et tantôt plus ou moins ridés ou ruminés en dehors, et à courte radicule supère, en partie ou en totalité cachée par la base prolongée des cotylédons.

Il y a des Chênes dans toutes les parties de l'hémisphère boréal des deux mondes, et quelques-uns habitent leurs régions tropicales. Ce sont des arbres, rarement peu élevés, à feuilles persistantes ou qui tombent en hiver, alternes, accompagnées de deux stipules latérales caduques. Leur limbe[5] est penninerve, entier ou plus ou moins profondément découpé, plissé longitudinalement dans la préfloraison, et enveloppé d'abord dans des bourgeons à écailles imbriquées, formées par les stipules[6] (fig. 182). Les inflorescences, ordinairement unisexuées, ont quelquefois des fleurs femelles à la base et des mâles dans leur portion supérieure, qui se détache de bonne heure. Les chatons mâles, pendants ou dressés, naissent de l'aisselle des feuilles inférieures des jeunes rameaux ou bien de celle des bractées qui les remplacent à ce niveau, plus souvent de bourgeons latéraux aphylles ou paucifoliés. Les chatons

morphologique de cette cupule, autrefois considérée comme formée de bractées soudées entre elles jusqu'à une hauteur variable. On est à peu près d'accord aujourd'hui sur la nature axile du corps même de la cupule, que SCHACHT appelle un disque, et PAYER, un repli du pédoncule. Il est au contraire permis d'hésiter sur la valeur des saillies qu'elle porte et qui souvent, par leur forme et leur structure anatomique, se rapprochent beaucoup des organes foliaires, mais qui, par les mêmes caractères (dont la valeur est insignifiante), et aussi par leur tardive apparition sur le corps même de la cupule, peuvent également paraître comparables à des aiguillons.

1. Il y a des espèces dans lesquelles elle se divise supérieurement à la maturité.

2. A laquelle il adhère parfois dans sa partie inférieure.

3. La maturation des fruits se produit tantôt dans l'année et tantôt, après un long repos, l'année suivante (J. GAY, in *Bull. Soc. bot. de Fr.* (1857), 445, 501 ; in *Ann. sc. nat.*, sér. 4, VI, 223) ; caractère signalé par MICHAUX, dans son *Histoire des Chênes*, en 1801, et qui a servi à distinguer certaines espèces. La maturation dite bienne tient peut-être au défaut de fécondation dans la première année.

4. Tantôt vers sa base, comme dans le *Q. Robur*, tantôt entre la base et le milieu, comme dans le *Q. Suber*, plus fréquemment vers son sommet. (A. DC., in *Biblioth. univ. Gen.* (oct. 1862) ; in *Ann. sc. nat.*, sér. 4, XVIII, 49.)

5. Jeune, il est, comme plusieurs autres parties, chargé de poils étoilés ou fasciculés, avec quelques poils solitaires, ordinairement caducs ou rétractés à l'âge adulte (A. DC.).

6. DŒLL, *Zur Erklaer. d. Laubkn. Ament.* (1848) ; *Fl. Bad.*, II (de la signif. morphol. de la cupule). — HENRY, in *Nov. Act. nat. Cur.*, XXII, p. I, 337, t. 22. — H. MOEHL (*Morphol. Untersuch. ueb. d. Eiche* (1862), Cassel, in-4) a établi la disposition des bractées du bourgeon et des feuilles dans nos espèces indigènes, le mode de nervation des feuilles, etc.

femelles, terminés par une fleur ou par un petit nombre de fleurs qui avortent, naissent des aisselles supérieures des feuilles ou de bourgeons terminaux. On a décrit dans ce genre, depuis plus d'un siècle, un nombre d'espèces trop considérable sans doute, c'est-à-dire [1] plus de quatre cents [2]; il peut être réduit d'un tiers environ.

Les Chênes peuvent à peine se distinguer génériquement des Châtaigniers [3] (fig. 189-198), arbres des mêmes pays, dont les fleurs monoïques sont réunies en chatons grêles et allongés. Les chatons qui naissent de l'aisselle des feuilles inférieures sont uniquement composés de fleurs

1. M. A. DE CANDOLLE le partage en six sections : 1. *Lepidobalanus* (ENDL., *Gen.*, Suppl., IV, p. II, 24 ; — *Robur*, *Cerroides*, *Erythrobalanos*, *Gallifera*, *Suber*, *Coccifera* SPACH, *Suit. à Buffon*, XI, 148 ; — *Esculus*, *Ilex* J. GAY). Cupule ouverte sup., recouverte d'écailles imbriquées. Fleurs mâles sans gynécée rudim., avec poils intér. Chatons grêles. Calice mâle souvent irrégulier. — 2. *Androgyne* (A. DC., *Not. nouv. car.*, 9 ; *Prodr.*, 81 ; — *Lepidobalanus* ENDL. (part.). Cupule et fl. mâle comme dans la sect. précéd. Gynécée rudim. 0. Divisions du style (3-6) linéaires, divergentes. Epis axillaires à fleurs femelles basilaires, à sommet chargé de fleurs mâles et caduc. Maturation bienne (*Q. densiflora* HOOK. et ARN.). — 3. *Pasania* (MIQ., *Fl. ind.-bat.*, I, 480 ; *Ann. Mus. lugd.-bat.*, I, 108 ; — A. DC., *Not. nouv. car.*, 4 ; — *Lepidobalanus* ENDL. (part.) ; — BENTH., *Fl. hongk.*, 320). Cupule comme dans les sect. préc. Gynécée rudim. globuleux dans la fl. mâle. Calice mâle régulier. Androcée diplostém. Chatons dressés ; trois bractées sous la fleur ou les glomérules. — 4. *Cyclobalanus* (ENDL., *l. cit.*; — *Gyrolecana* BL., *Mus. lugd.-bat.*, I, 299). Cupule ouverte supér., chargée en dehors de rides circulaires, concentriques ou subspiralées, ou de plis entiers ou dentelés. Gynécée rudimentaire dans la fl. mâle. — 5. *Chlamydobalanus* (ENDL., *Gen.*, Suppl., IV, p. II, 28 ; — *Castaneopsis* BL., *Mus. lugd.-bat.*, I, 228 (nec DON) ; — *Encleisocarpon* MIQ.). Cupule enveloppant tout le gland, souvent inégalement fendue, chargée de plis saillants verticillés et concentriques. Gynécée rudiment. dans la fl. mâle diplostém. Epis 1-sexués ou androgynes, à fl. fem. infér. — 6. *Lithocarpus* (BL., *Bijdr.*, 526 ; *Fl. jav.*, *Cupul.*, 34, t. 20 ; — MIQ., *Ann. Mus. lugd.-bat.*, I, 106, 108 ; — A. DC., *Prodr.*, 104, sect. 6). Cupule épaisse, coriace, à rides ou replis extérieurs obliques, peu nombreux, inférieurement unie en dedans avec le gland, qui est libre supérieurement dans une moindre étendue. Fruit osseux. Fleur mâle et inflorescence comme dans les sect. 4 et 5.

2. L., *Spec.*, 1412. — THUNB., *Fl. jap.*, 175. — WALT., *Fl. carol.*, 234. — W., in *Act. berol.*, III, 396. — AIT., *Hort. kew.*, III, 356. — SECONDAT, *Mém. hist. nat. Chên.* (1785). — MICHX, *Hist. nat. Chên. amér.* (1801). — MICHX F., *Arbr. amér.*, II. — BOSC., in *Journ. Hist. nat.*, II, 319. — TEN., *Cat. Hort. nap.* (1819), 65. — H. B., *Plant. æquin.*, 24, t. 75-96. — BL., *Bijdr.*, 618 ; *Fl. jav.*, fasc. 13, 14 (*Cupulif.*), t. 1 — 19, 20 (*Lithocarpus*) ; *Mus. lugd.-bat.*, I, 296. — DON, *Prodr. Fl. nepal.*, 57. — ROXB., *Hort. beng.*, 113 ; *Fl. ind.*, III, 634. — LOUR., *Fl. cochinch.* (ed. 1790), 571. — SM., in *Rees Cyclop.*, n. 20, 23. — HOOK., *Fl. bor.-amer.*, II, 159 ; *Icon.*, t. 380, 403. — GUSS., *Fl. sic.*, II, 604. — BREND., *Trees of Illin.*, 20. — LIEBM., *Egesl.*, 12 ; in *Bonplandia*, III, 38, 52. — MART. et GAL., in *Bull. Brux.*, X, n. 3. — CHAM. et SCHLTL, in *Linnæa* (1830), 78. — BENTH., *Pl. Hartweg.*, 55, 90, 348 ; *Fl. hongk.*, 321. — HOOK. et ARN., *Beech. Voy.*, *Bot.*, 394. — WANGENH., *Amer.*, 78. — TORR., in *Sitgrave Exp. Zuni*, 173, t. 19. — A. GRAY, *Bot. Mém.*, 406 ; *Man.*, ed. 5, 450. — CHAPM., *Fl. S. Unit. St.*, 420. — A. RICH., *Fl. cub.*, t. 73. — NEES, in *Kœn. et Sims Ann. bot.*, II, 100. — KELLOG, in *Proc. Calif. Acad.*, II, 36. — C. GAY, *Fl. chil.*, V, 396. — SEEM., *Voy. Herald*, *Bot.*, 251, 333. — KORTH., in *Verh. Nat. Gesch. Bot.*, 208. — MIQ., *Fl. ind.-bat.*, I, p. I, 844. — HANCE, in *Hook. Journ.* (1849), 176 ; in *Ann. sc. nat.*, sér. 4, XVIII, 229. — BGE, *Enum.*, 61. — JAUB. et SPACH, *Ill. pl. or.*, I, 108, t. 54-58. — FISCH. et MEY., in *Hohen. Enum. Talysch.*, 29. — C. A. MEY., *Verz. pfl. cauc.*, 44. — KOTSCHY, *Eich. europ. und or.* (1858-62). — STEV., *Verz. Taur. Halb.*, 307. — C. KOCH, in *Linnæa*, XXII, 319, 328. — LINDL., in *Paxt. Fl. Gard.*, I, 59, t. 37. — POECH, *Enum. pl. cypr.*, 12. — WEBB, *It. hisp.*, 10. — SANTI, *Viag. Tosc.*, I, 156, t. 3. — CARRUTH., in *Journ. Linn. Soc.*, VI, 32. — GREN. et GODR., *Fl. de Fr.*, III, 115.

3. *Castanea* T., *Inst.*, 584, t. 352. — GÆRTN., *Fruct.*, I, 181, t. 37. — LAMK, *Dict.*, I, 708 ; Suppl., II, 203 ; *Ill.*, t. 782, fig. 1. — TURP., in *Dict. sc. nat.*, Atl., t. 304, 305. — NEES, *Gen.*, II, 25. — SPACH, *Suit. à Buffon*, XI, 186. — ENDL., *Gen.*, n. 1848 ; Suppl., IV, p. II, 29. — A. DC., *Prodr.*, XVI. sect. II, 113.

mâles; ceux des aisselles supérieures sont androgynes, avec des fleurs femelles dans l'aisselle de leurs bractées inférieures[1], et plus haut des

Castanea vulgaris.

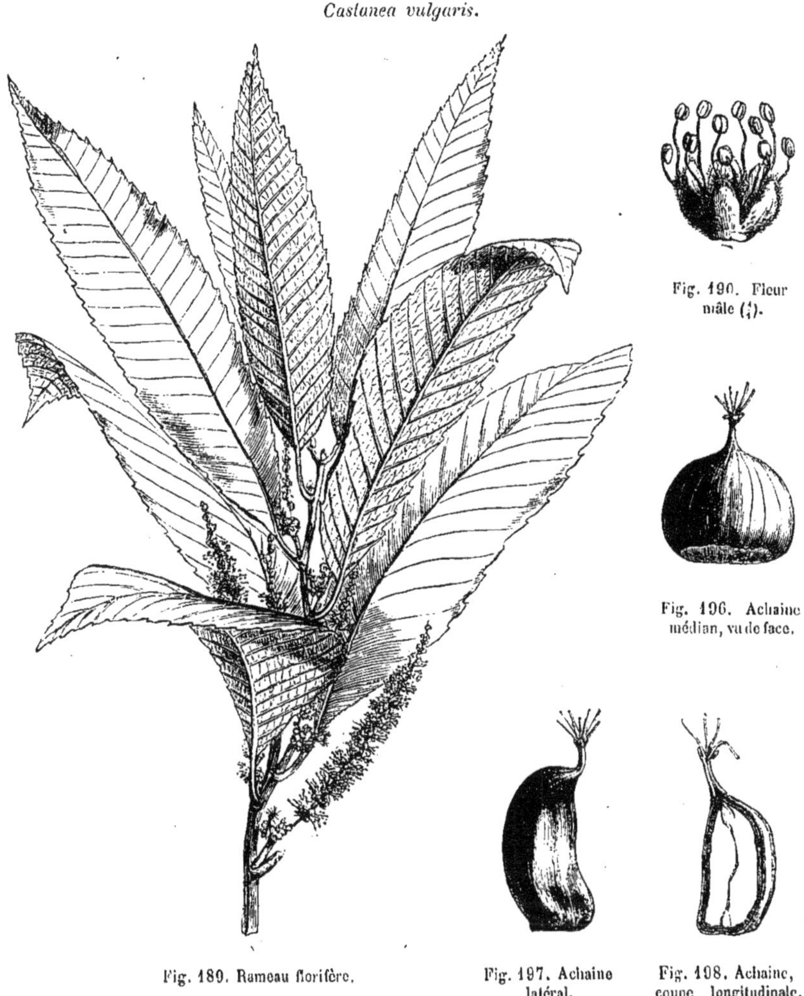

Fig. 190. Fleur mâle ($\frac{4}{1}$).

Fig. 196. Achaine médian, vu de face.

Fig. 189. Rameau florifère.

Fig. 197. Achaine latéral.

Fig. 198. Achaine, coupe longitudinale.

mâles, souvent arrêtées dans leur développement. Les fleurs des deux sexes sont réunies en glomérules, quelquefois réduits à une fleur. Dans la fleur mâle, très-analogue à celle des Chênes, les sépales, généralement au nombre de six, imbriqués sur deux rangs, entourent un androcée diplostémoné ou triplostémoné. Les étamines ont un filet libre,

1. Ces bractées sont ordinairement plus grandes et plus épaisses que celles des fleurs mâles.

exsert et une petite anthère biloculaire, extrorse et déhiscente par deux fentes longitudinales. Dans les glomérules femelles, entourés d'un involucre commun, chargé de bractées et d'aiguillons[1], il y a, à l'âge adulte, une ou plus souvent trois fleurs fertiles[2], dont le réceptacle a la

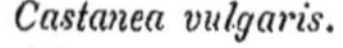

Castanea vulgaris.

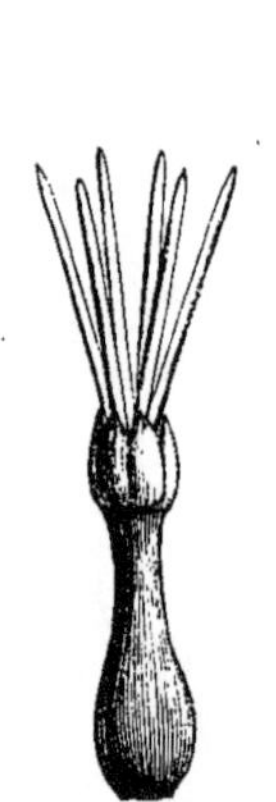

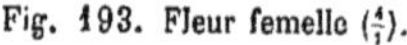

Fig. 193. Fleur femelle ($\frac{4}{1}$).

Fig. 191. Inflorescence androgyne.

Fig. 194. Fleur femelle, coupe longitudinale.

forme d'une gourde allongée. Sa cavité est remplie par l'ovaire, tandis que ses bords supportent six sépales bisériés et imbriqués et des étamines épigynes stériles[3], en nombre variable[4]. L'ovaire est surmonté de six branches stylaires qui sont simples, stigmatifères en haut et en dedans et qui correspondent à un même nombre de loges[5] incomplètes et biovulées. Les ovules[6] collatéraux sont descendants, plus ou moins complétement anatropes, avec le micropyle supérieur et extérieur[7]. Les fruits (fig. 195-198) sont des achaines couronnés d'une cicatrice

1. Les bractées sont celles de l'inflorescence en cyme bipare et sont déplacées à l'âge adulte. Les aiguillons sont de même nature que les écailles de toute la portion supérieure de la cupule des *Quercus;* et il est absolument nécessaire de distinguer ces deux sortes d'organes les uns des autres.

2. Dans le *C. vulgaris* (*vesca*), il y a primitivement sept fleurs appartenant à trois générations successives ; mais celles de la troisième génération avortent de bonne heure. Elles se développent quelquefois jusqu'au bout et peuvent alors être mâles.

3. Çà et là elles deviennent fertiles. Alors même qu'elles sont dépourvues de pollen, on distingue ordinairement bien, à l'âge adulte, leur filet et leur anthère.

4. Elles peuvent être en nombre égal à celui des sépales et appartiennent dans ce cas à deux séries ; il y en a, par exemple, trois grandes et trois petites, plus intérieures.

5. Les éléments du gynécée semblent aussi appartenir à deux verticilles différents, et il y a souvent trois carpelles intérieurs, un peu plus petits que les extérieurs, avec lesquels ils alternent.

6. Leur apparition est tardive, comme dans les Bétulées, les Corylées et les Chênes.

7. Son tégument est double. (J.G. Ag., *Theor. Syst. plant.*, t. 13, fig. 10, 11.)

et quelquefois des restes du périanthe et des styles, et insérés, au nombre d'un à trois, par une large surface basilaire, dans l'intérieur d'un involucre accru, globuleux et clos, chargé en dehors des bractées qui se voyaient dans l'inflorescence femelle, et, en outre, d'aiguillons rigides, simples ou ramifiés au sommet[1], disposés primitivement sur quatre aires équidistantes, ayant à peu près au début la forme d'un triangle isocèle à sommet supérieur, et séparées les unes des autres, du côté de leur base, par des groupes de bractées qui finissent par les cacher à l'époque de la maturation. A la maturité, l'involucre s'ouvre supérieurement en quatre panneaux, et les achaines peuvent s'échapper. Chacun d'eux contient une graine fertile[2] dont l'embryon (fig. 198), dépourvu d'albumen, a des cotylédons épais, farineux, ondulés ou ruminés, quelquefois profondément, en dehors, et une radicule supère que cache la base des cotylédons. Les Châtaigniers proprement dits sont des arbres de l'hémisphère boréal. Il n'y en a probablement que deux espèces[3], l'une américaine, et l'autre, répandue, avec des formes et des variations nombreuses, dans l'Amérique du Nord, l'Asie, l'Afrique et l'Europe tempérées. Leurs feuilles, caduques, sont alternes[4], penninerves, dentées, plissées dans la vernation suivant la nervure principale et suivant les nervures latérales[5], accompagnées à la base de leur pétiole de deux stipules latérales qui tombent de bonne heure. Mais il ne nous paraît

Castanea vulgaris.

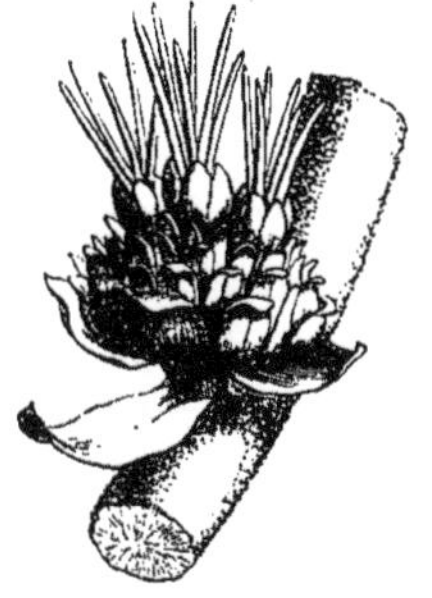

Fig. 192. Glomérule femelle ($\frac{4}{1}$).

Fig. 195. Fruit composé.

1. La division inférieure, plus longue que les autres, a été considérée comme représentant une feuille modifiée (A. DC., *Prodr.*, 114) à l'aisselle de laquelle seraient placées les autres, plus courtes et variables en nombre.

2. Accompagnée vers le sommet de deux à onze autres graines stériles et rudimentaires, dont une ou deux peuvent çà et là devenir fertiles.

3. L., *Spec.*, 1416 (*Fagus*). — THUNB., *Fl. jap.*, 195 (*Fagus*). — DUHAM., *Arbr.*, éd. 2, III, 66, t. 19. — LOUD., *Arbr.*, 912, f. 1707, 1708. — RAFIN., *N. Sylv.*, 82. — MICHX, *Arbr. Amér.*, II, 166, t. 7. — WANGENH., *Nordam. Holz.*, t. 47. — CATESB., *Carol.*, 1, t. 9. — ELL., *A Sketch*, II, 614. — NUTT., *Gen.*, II, 217. — A. GRAY, *Man.*, ed. 5, 454. — CHAPM., *Fl. S. Unit. St.*, 424. — BGE, *Enum.*, n. 347, 349. — BL., *Mus. lugd.-bat.*, I, 285. — SIEB. et ZUCC., *Fl. jap. fam.*, n. 189, 710. — BENTH., *Fl. hongk.*, 319. — MIQ., *Ann. Mus. lugd.-bat.*, I, 121. — GREN. et GODR., *Fl. de Fr.*, III, 115.

4. Disposées suivant la fraction $\frac{2}{5}$, ou quelquefois distiques (DOELL, *Fl. bad.*, II, 542).

5. HENRY, in *N. Act. nat. Cur.*, XXII, p. I, t. 28. — DOELL, *Zur Erklaer. d. Laubkn Ament.*, 25, fig. 21.

pas possible de séparer de ce genre, autrement qu'à titre de section, le *C. chrysophylla*[1], espèce californienne, et un certain nombre d'espèces de l'Asie tropicale ou sous-tropicale, telles que les *C. indica*, *javanica*, et une dizaine d'autres[2], dont on a fait le genre *Castanopsis*[3], et qui, reliant intimement les Chênes aux Châtaigniers vrais, diffèrent uniquement de ces derniers par le nombre des loges de leur ovaire, réduit à trois. Tantôt l'involucre de leurs fruits, déhiscent ou indéhiscent, est chargé de nombreux aiguillons pressés, insérés en apparence, à l'état adulte, sur toute l'étendue de sa surface; et tantôt, comme dans le *C. sumatrana*, type d'un genre *Callæocarpus*[4], les aiguillons sont coniques et disposés avec régularité sur trois surfaces proéminentes où ils constituent des séries horizontales ou obliques. Dans ces espèces, les feuilles sont tantôt entières et tantôt dentées. Ainsi compris[5], le genre *Castanea* renferme actuellement dix-sept ou dix-huit espèces[6].

Les Hêtres[7] (fig. 199-206) ont été jadis rapportés au même genre que les Châtaigniers. Ils en ont les fleurs monoïques[8]. Les mâles sont formées d'un calice gamosépale, subcampanulé, partagé supérieurement en un nombre de lobes qui varie de quatre à neuf, et d'un nombre également variable (de six à vingt) d'étamines, à filet libre, inséré au centre de la fleur, grêle, exsert, à anthère biloculaire, extrorse, déhiscente par deux fentes longitudinales[9]. Les fleurs femelles sont renfermées, au nombre d'une à trois, dans un involucre commun, quadrilobé et chargé en dehors de saillies très-variables de forme, tantôt foliacées, tantôt représentant des lames superposées et plus ou moins profondément découpées, ou encore, comme dans notre Hêtre commun, ayant l'apparence d'aiguillons allongés et peu rigides, du moins dans la por-

1. HOOK., *Journ. of Bot.* (1843), 496; *Bot. Mag.*, t. 4953.

2. Formant la sect. *Eucastanopsis* A. DC. (*Prodr.*, XVI, sect. II, 109).

3. DON, *Prodr. Fl. nepal.*, 56 (*Quercus* sect., nec BL.). — SPACH, *Suit. à Buffon*, XI, 185. — A. DC., in *Seem. Journ. of Bot.* (1863), 128; *Prodr.*, *loc. cit.*

4. MIQ., *Pl. Jungh.*, I, 13; *Fl. ind.-bat.*, I, 868 (part.); in *Ann. Mus. lugd.-bat.*, I, 118. — A. DC., *Prodr.*, 112.

5. CASTANEA sect. 3. { 1. *Eucastanea*. 2. *Castanopsis* (DON). 3. *Callæocarpus* (MIQ.).

6. Voy. p. 233, note 3. ROXB., *Fl. ind.*, III, 643. — BL., *Bijdr.*, 525; *Fl. jav.*, 42, t. 22.

7. *Fagus* T., *Inst.*, 584, t. 351. — L., *Gen.* (ed. 1), n. 728 (part.). — LAMK, *Dict.*, III, 125; Suppl., III, 49; *Ill.*, t. 782. — GÆRTN., *Fruct.*, I, 182, t. 37. — NEES, *Gen.*, II, 24. — MIRB., in *Mém. Mus.*, XIV, t. 23-26. — SPACH, *Suit. à Buffon*, XI, 194. — ENDL., *Gen.*, n. 1847; Suppl., IV, p. II, 29. — PAYER, *Fam. nat.*, 165. — A. DC., *Prodr.*, XVI, sect. II, 117. — *Caluspanassus* HOMBR. et JACQUIN., *Voy. au pôle sud*, *Bot. phanér.*, t. 6 Σ, 7 Γ, 8 Ψ. — *Calucechinus* HOMBR. et JACQUIN., *loc. cit.*, t. 6 Θ, 7 Z, 8 Π. — *Nothofagus* BL., *Mus. lugd.-bat.*, I, 306. — *Lophozonia* TURCZ., in *Bull. Mosc.* (1858), I, 396.

8. Çà et là elles sont hermaphrodites, avec quelques étamines épigynes, stériles ou fertiles (SCHNIZL., in *Bot. Zeit.* (1850), t. 745, t. 8, fig. 1).

9. D'après H. MOHL (in *Ann. sc. nat.*, sér. 2, III, 312), le pollen est « sphérique; trois bandes étroites, avec de grands ombilics entourés d'un halo étroit. *Fagus sylvatica.* »

tion supérieure du dos et des bords des lobes de l'involucre, car vers sa base se trouvent aussi des bractées plus ou moins foliacées[1]. Chaque fleur se compose d'un ovaire infère, trigone, à trois loges séparées par

Fagus sylvatica.

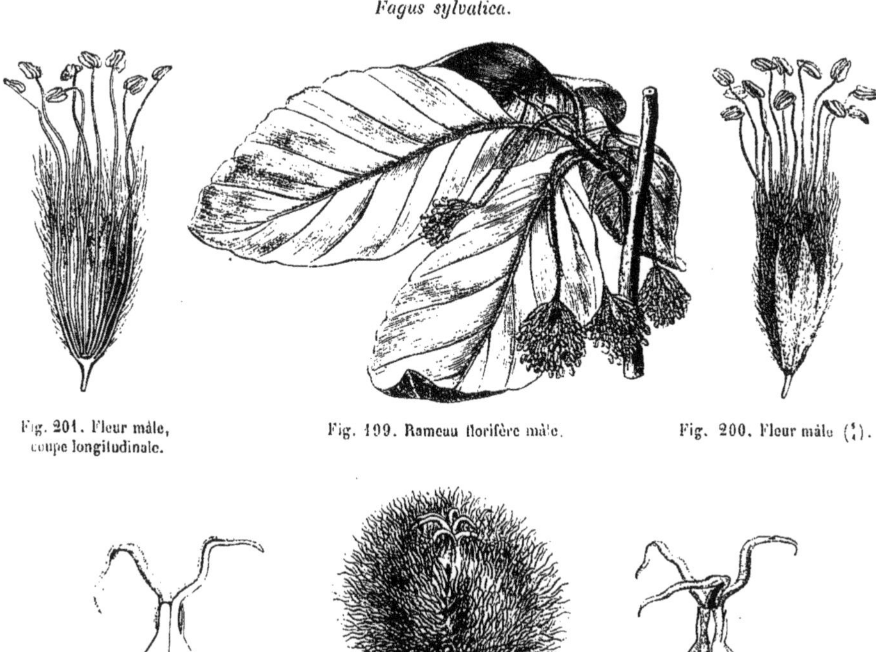

Fig. 201. Fleur mâle, coupe longitudinale.

Fig. 199. Rameau florifère mâle.

Fig. 200. Fleur mâle ($\frac{5}{1}$).

Fig. 203. Fleur femelle, coupe longitudinale.

Fig. 204. Fruits jeunes, dans leur involucre.

Fig. 202. Fleur femelle.

d'épaisses cloisons[2] et de l'angle interne desquelles[3] descendent deux ovules collatéraux, anatropes, à micropyle tourné en haut et en dehors[4]. Le style se partage presque dès sa base en trois branches simples, allongées et grêles[5] (fig. 202, 203), ou, plus souvent, courtes et épaisses[6] (fig. 205, 206), chargées en dedans et en haut de papilles stigmatiques.

1. Transformées même en petites feuilles sur certains involucres anormaux du H. commun.

2. Leur coupe transversale a la forme d'un triangle isocèle à sommet intérieur.

3. Quand cet angle épaissi se sépare, à un certain âge, du reste des cloisons, le placenta paraît presque central-libre.

4. A double enveloppe.

5. Dans celles des esp. de la sect. *Eufagus* (A. DC., *Prodr.*, 118; — *Fagus* BL., *Mus. lugd.-bat.*, I, 306) qui habitent l'hémisphère boréal, notamment dans notre Hêtre commun.

6. Dans les espèces de la même section qui appartiennent à l'hémisphère austral.

Il est entouré d'un calice supère de six folioles bisériées, imbriquées, ordinairement persistantes au sommet du fruit. Celui-ci est sec, trigone, à angles souvent prolongés en ailes verticales étroites et rigides. Il est renfermé, soit seul, soit avec deux ou trois autres, dans l'involucre accru, ligneux, tout chargé en dehors de saillies variables comme dimensions, comme forme et comme consistance, et s'ouvrant finalement dans sa portion supérieure suivant quatre fentes verticales. Dans chaque achaine se trouve une graine [1] dont l'embryon dépourvu d'albumen a une radicule supère, en partie recouverte par la base des cotylédons [2], le plus souvent charnus, plusieurs fois repliés sur eux-mêmes [3]. Les Hêtres sont des arbres ou des arbustes qui croissent dans les régions tempérées ou presque froides des deux hémisphères [4]. Les uns atteignent de grandes dimensions, et ressemblent, à cet égard, à notre Hêtre commun; tandis que ceux qui habitent en si grand nombre les régions froides de la côte occidentale des régions les plus méridionales de l'Amérique du Sud, sont souvent, dans toutes leurs parties, réduits aux proportions les plus humbles. Leurs feuilles sont alternes, caduques [5] ou persistantes [6], penninerves, généralement dentées, convexes dans le bourgeon et souvent pliées suivant les nervures latérales [7], accompagnées de deux stipules latérales, caduques. Leurs fleurs sont précoces, généralement axillaires, tantôt solitaires et tantôt groupées au sommet d'un pédoncule commun, en une sorte de capitule ou d'épi court. On en a décrit une quinzaine d'espèces [8].

Fagus betuloides.

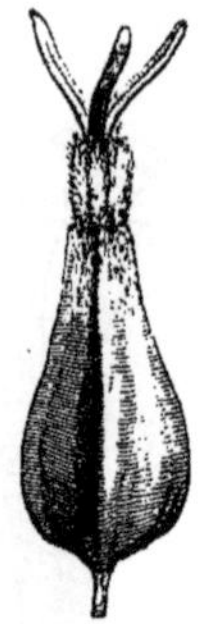

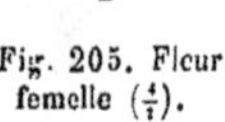

Fig. 205. Fleur femelle ($\frac{4}{1}$).

Fig. 206. Fleur femelle, coupe longitudinale.

1. Accompagnée de semences avortées.
2. Epigés, foliacés, dans la germination.
3. Ils sont probablement plans dans plusieurs espèces à petites feuilles de l'hémisphère boréal. (J. Hook., *Fl. antarct.*, II, t. 123.)
4. Sauf en Afrique.
5. Dans la sect. *Eufagus* (p. 235, note 5).
6. Dans la sect. *Nothofagus* (A. DC., *Prodr.*, 121).
7. Henry, in *Nov. Act. nat. Cur.*, XXII, p. I, t. 29. Les nervures latérales aboutissent aux sinus des dents du limbe ou bien aux dents elles-mêmes (A. DC., in *Mém. Genève* (1864), *loc. cit.*).
8. Forst., in *Comm. Gœtting.*, IX, 45 (*Betula*). — Duham., *Arbr.*, éd. 2, II, 80, t. 24. — Michx, *Arbr. Amér.*, II, 74, t. 9. — Schkuhr, *Handb.*, t. 303. — Loud., *Encycl.*, 907. — Hook., in *Journ. Bot.*, II, 147; *Icon.*, t. 630, 631. — Wangenh., *Nordamer. Holz.*, 80, fig. 65. — Reichb., *Ic. Fl. germ.*, t. 639. — Sieb., in *Bat. Verh.*, XII, 25. — Poepp. et Endl., *Nov. gen. et spec.*, II, 68, t. 195-198. — Hook. f., *Fl. antarct.*, II, 346, t. 123, 124; *Fl. tasm.*, I, 348; *Fl. N.-Zel.*, I, 229; *Man. N.-Zeal. Fl.*, 249. — Benth., *Fl. austral.*, V, 209. — C. Gay, *Fl. chil.*, V, 387. — Phil., in *Linnæa*, XXIX, t. 45. — A. Gray, *Man.*, ed. 5, 455. — Chapm., *Fl. S. Unit. St.*, 424. — Gren. et Godr., *Fl. de Fr.*, III, 114. — Walp., *Ann.*, I, 636; VII, 639 (*Lophozonia*).

IV? SÉRIE DES BALANOPS.

Dans ce genre, dont la place est quelque peu douteuse, les fleurs sont

Balanops Vieillardi.

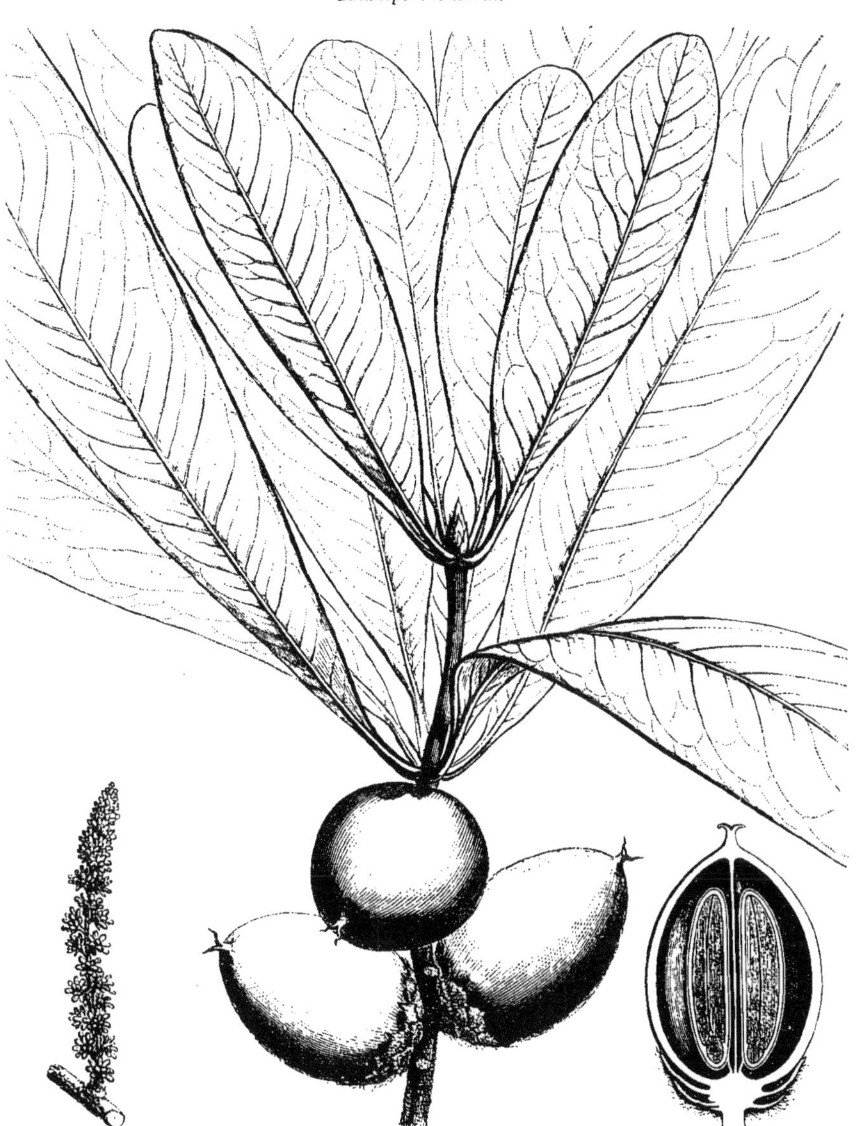

Fig. 208. Chaton mâle. Fig. 207. Rameau fructifère. Fig. 213. Fruit, coupe longitudinale.

régulières et dioïques. Les mâles sont nues et disposées en chatons grêles (fig. 208) sur lesquels elles sont alternes, à peu près sessiles ou supportées par un court pédicelle sur lequel est fréquemment soulevée leur petite bractée axillante (fig. 209). Chacune d'elles représente un

Balanops Vieillardi.

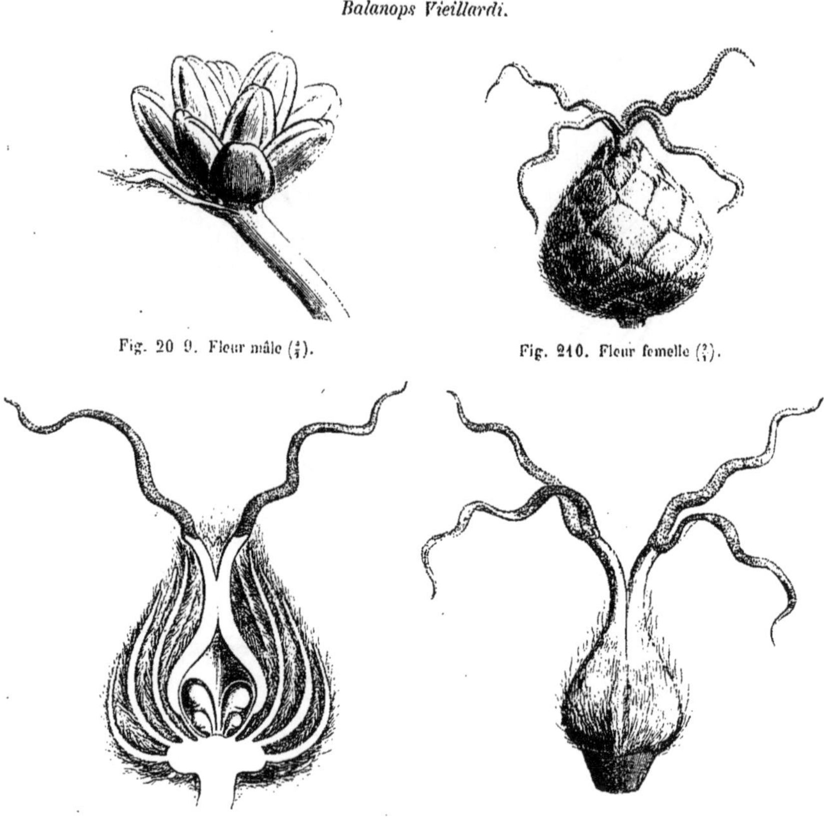

Fig. 209. Fleur mâle ($\frac{4}{1}$).

Fig. 210. Fleur femelle ($\frac{2}{1}$).

Fig. 211. Fleur femelle, coupe longitudinale ($\frac{4}{1}$).

Fig. 212. Gynécée.

petit bouquet d'étamines, dont le nombre varie de deux à une douzaine, et qui ont chacune un filet très-court, dressé, et une anthère biloculaire, introrse, déhiscente par deux fentes longitudinales. Dans la fleur femelle (fig. 210), sessile sur la tige ou les branches, il y a un grand nombre de folioles inégales, imbriquées, rigides et chargées de poils qui sont les pièces, ou d'un calice, ou d'un involucre, et, intérieurement, un gynécée libre (fig. 212), dont l'ovaire, conique et dur, se rétrécit brusquement à sa base en une portion à parois plus molles, et s'atténue à son sommet en deux branches stylaires, bientôt bifurquées elles-mêmes en deux longs lobes linéaires, subulés, exserts, sinueux et tout chargés en dedans de papilles stigmatiques. La cavité de l'ovaire est partagée, par des cloisons pariétales étroites, en deux loges fort incomplètes, à chacune desquelles répondent deux ovules insérés tout près de la base, ascendants, anatropes et supportés par un funicule de longueur très-variable [1], dont le sommet se dilate en obturateur devant le micropyle extérieur et inférieur (fig. 211). Le fruit (fig. 207, 213), au-dessus duquel persistent les folioles basilaires desséchées [2], formant une sorte de cupule qui rappelle celle des Chênes (d'où le nom de *Balanops* [3]), est une baie ovoïde, à paroi mince, à endocarpe membraneux, souvent peu distinct et dont les deux loges, plus ou moins complètes, renferment chacune une ou deux graines presque dressées. Celles-ci, sous leurs téguments, contiennent un embryon dressé, à courte radicule infère, à cotylédons épais, à peu près elliptiques, verdâtres et entourés d'une couche mince, souvent membraniforme, d'albumen charnu. Les *Balanops* sont des arbres ou des arbustes dont les tiges simples, ou plus souvent peu ramifiées, portent supérieurement des feuilles presque sessiles, simples, penninerves, coriaces, entières ou légèrement dentelées, alternes et parfois rapprochées au point de simuler des paires ou des verticilles. Elles sont dépourvues de stipules. Les inflorescences mâles et les fleurs femelles sortent d'un bourgeon écailleux porté par les axes dans l'intervalle des feuilles. On connaît six ou sept espèces de ce genre, toutes originaires de la Nouvelle-Calédonie.

V? SÉRIE DES LEITNERIA.

Les *Leitneria* [4] (fig. 214-216) ont des fleurs amentacées et dioïques. Les chatons portent un grand nombre de bractées alternes et d'abord imbriquées. Dans les chatons mâles, il y a, dans l'aisselle de chaque bractée, un nombre d'étamines libres qui varie de deux ou trois à une dizaine [5], et dont les filets, libres et dressés, supportent chacun une anthère biloculaire, introrse, déhiscente par deux fentes longitudinales. Les étamines sont tout à fait nues ou entourées à leur base de quelques bractées inégales, parfois unies de façon à constituer une sorte de petit

1. Dans la même loge, il y en a ordinairement un plus court, rectiligne, et un autre, beaucoup plus long, souvent un peu sinueux.

2. Ce qui lui donne une ressemblance extérieure avec un gland, quoique ici le fruit soit supère. Il est couronné d'un reste du style ; sa couleur est ordinairement celle d'une jujube sèche.

3. H. BN, in *Adansonia*, X, 117, 337.

4. CHAPM., *Fl. S. Unit. St.*, 426. — C. DC., *Prodr.*, XVI, sect. II, 154. — HOOK. F., *Icon.*, n. ser., I, 33, t. 1044.

5. Très-souvent il y en a une demi-douzaine. C'est ordinairement dans les fleurs du sommet que leur nombre peut être réduit à deux ou trois.

périanthe. Il peut en être de même dans les chatons femelles où ces bractées (?) prennent même ordinairement un plus grand développement [1]. Le gynécée est formé d'un seul carpelle, dont la suture ventrale regarde l'axe du chaton et dont l'ovaire uniloculaire est surmonté d'un

Leitneria floridana.

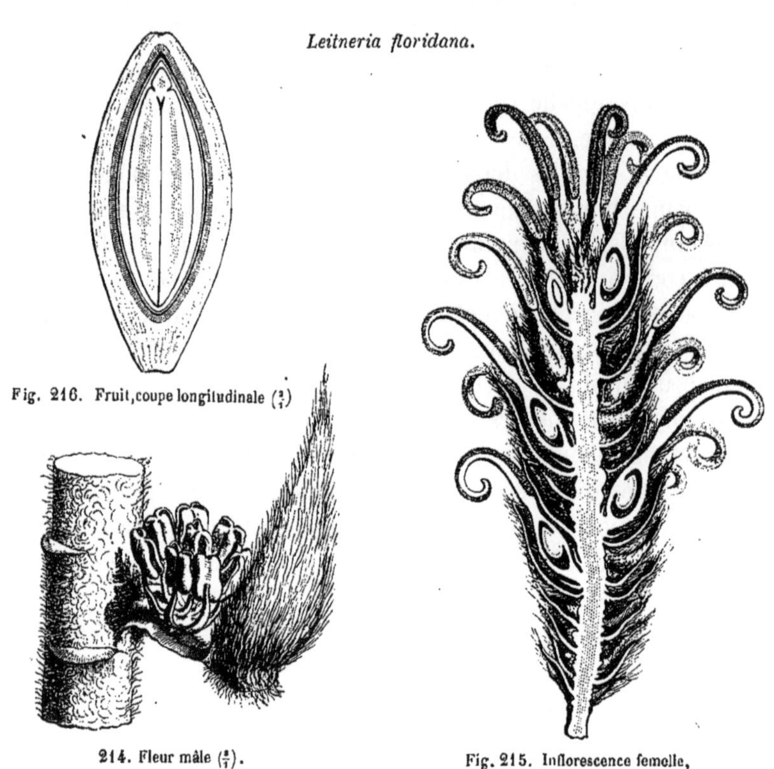

Fig. 216. Fruit, coupe longitudinale ($\frac{3}{1}$)

214. Fleur mâle ($\frac{8}{1}$).

Fig. 215. Inflorescence femelle, coupe longitudinale ($\frac{4}{1}$).

long style, papilleux et stigmatique sur toute sa surface interne, tandis que son sommet se révolute en dehors [2]. Dans l'angle interne de l'ovaire, un placenta pariétal supporte un seul ovule, incomplétement anatrope [3], descendant, avec le micropyle dirigé en haut et en dehors. Le fruit est une drupe oblongue, dont l'exocarpe est peu épais, coriace, et dont le noyau dur renferme une graine descendante, à albumen mince, recouvrant un embryon rectiligne, à courte radicule supère, à cotylédons charnus, plan-convexes et verdâtres. Le *L. floridana* CHAPM., seule espèce connue de ce genre, habite les marais du sud des États-Unis.

1. Il y a çà et là des fleurs femelles qui possèdent, en dedans de ce faux calice, une ou quelques étamines fertiles.

2. Il est parcouru par un sillon vertical dont les bords épais sont réfléchis et papilleux.

3. « Amphitrope. » (CHAPM.)

C'est un arbuste dont les feuilles rappellent celles des Saules et des Châtaigniers; elles sont alternes, pétiolées, accompagnées de stipules latérales; oblongues, aiguës, penninerves, entières, tomenteuses en dessous. Les fleurs se développent avant elles, sur le bois des rameaux où les chatons occupent l'aisselle des feuilles tombées. Les étamines sont quelque peu soulevées avec la base rétrécie des bractées axillantes[1].

VI. SÉRIE DES CIRIERS.

Les fleurs sont également amentacées dans les Ciriers[2] (fig. 217-225), où elles sont même dépourvues de véritable périanthe; le plus ordinai-

Myrica Gale.

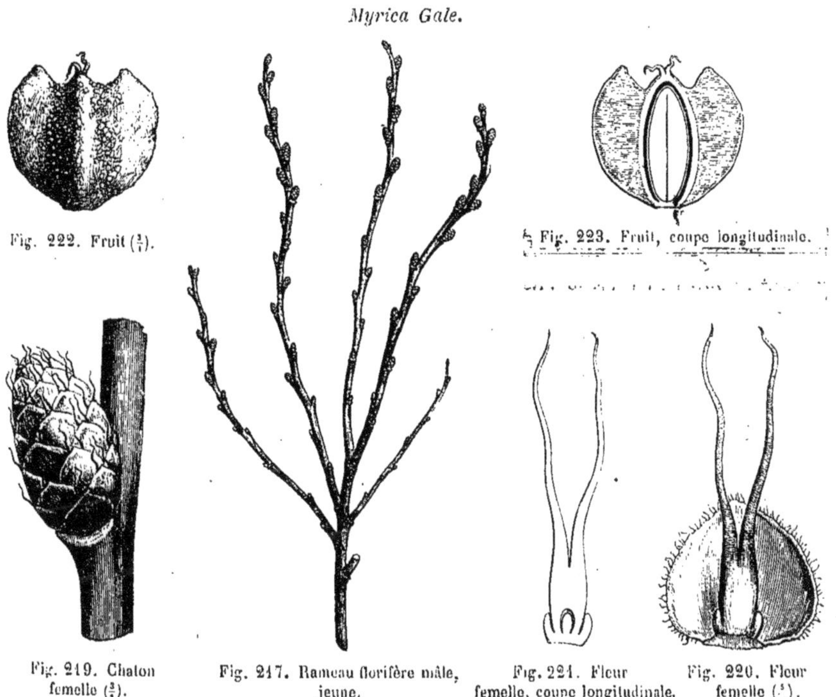

Fig. 222. Fruit ($\frac{3}{1}$).

Fig. 223. Fruit, coupe longitudinale.

Fig. 219. Chaton femelle ($\frac{2}{1}$).

Fig. 217. Rameau florifère mâle, jeune.

Fig. 221. Fleur femelle, coupe longitudinale.

Fig. 220. Fleur femelle ($\frac{5}{1}$).

rement, comme dans l'espèce indigène, le *Myrica Gale* L. (fig. 217-223), elles sont dioïques et portées sur des chatons simples. Dans cette espèce,

1. Ici se placera peut-être le g. *Didymeles* Dup.-Th., rapporté par nous avec doute aux Zanthoxylées (*Hist. des plant.*, IV, 392, note 1), et qui, pour M. C. De Candolle (*Prodr.*, XVII, 292), comme pour Meissner (*Gen.*, *Comm.*, 256), est peut-être une Myricée. Ses carpelles, groupés par paires en face l'un de l'autre, sont organisés comme ceux du *Leitneria*, mais ses étamines sont aussi disposées par paires sur l'axe commun du chaton, se regardant également l'une l'autre.

2. *Myrica* L., *Gen.*, ed. 1, n. 746 (part.). — J., *Gen.*, 409, 453. — Gærtn., *Fruct.*, I,

à l'aisselle de chaque écaille du chaton mâle, se trouvent des étamines dont le nombre varie de deux à cinq (fig. 218); mais le plus souvent, il y en a quatre, dont une antérieure, une postérieure et deux latérales. Leurs filets sont libres, sauf tout à fait à la base, où ils sont monadelphes, et leurs anthères sont biloculaires, introrses et déhiscentes par deux fentes longitudinales[1]. Dans le chaton femelle (fig. 219), l'aisselle de chaque écaille est occupée par une fleur sessile, accompagnée de deux bractéoles latérales[2]. D'ailleurs le gynécée est nu et se compose d'un ovaire uniloculaire, surmonté d'un style presque immédiatement partagé en deux longues branches subulées, qui sont primitivement antérieure et postérieure[3], et chargées de papilles stigmatiques rouges. Dans l'intérieur de la loge ovarienne s'insère à la base un ovule qui paraît dressé et qui est orthotrope, c'est-à-dire que son micropyle est supérieur[4]. Quand cet ovaire devient un fruit drupacé, à mésocarpe peu charnu et à épicarpe recouvert de saillies glanduleuses et résineuses, les deux bractéoles latérales, persistant avec lui dans cette espèce, lui forment comme deux ailes marginales épaisses (fig. 222, 223). La graine, dressée, contient sous ses téguments un embryon charnu, dépourvu d'albumen, à radicule supère et à cotylédons épais, plan-convexes. Le *M. Gale*, dont on a fait un genre distinct[5], est un petit arbuste odorant qui vit à l'état social dans les marais de l'Europe tempérée et de l'Amérique du Nord. Ses feuilles sont alternes, simples, serrulées, penninerves, sans stipules. Les chatons occupent l'aisselle des feuilles de l'année précédente (fig. 217), et les fleurs s'épanouissent au printemps, avant que les feuilles de l'année aient atteint tout leur développement.

Myrica Gale.

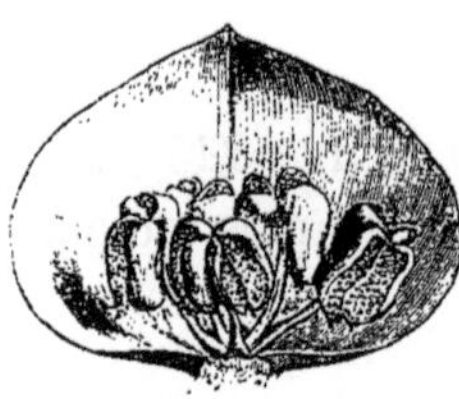

Fig. 218. Fleur mâle 5-andre.

Dans le *M. asplenifolia* (fig. 224, 225), dont on fait le genre *Comptonia*[6], les feuilles sont pinnatifides, accompagnées de stipules (qui font défaut dans les autres espèces du genre), et dans l'aisselle des bractéoles

190, t. 39. — LAMK, *Dict.*, II, 592 ; Suppl., II, 696 ; *Ill.*, t. 809. — SCHKUHR, *Handb.*, t. 322. — TURP., in *Dict. sc. nat.*, Atl., t. 298. — NEES, *Gen.*, fasc. 3, tab. — SPACH, *Suit. à Buffon*, XI, 260. — ENDL., *Gen.*, n. 1839 (part.). — C. DC., *Prodr.*, XVI, sect. II, 147 (incl. : *Comptonia* BANKS, *Faya* WEBB, *Gale* J. BAUH., *Nageia* GÆRTN.).

1. Le pollen est « aplati, ellipsoïde un peu triangulaire ; trois petits pores sur les angles, avec de grands halos » (H. MOHL, in *Ann. sc. nat.*, sér. 2, III, 312).

2. Elles peuvent être transformées en étamines ou porter une étamine dans leur aisselle.

3. Plus tard elles deviennent latérales.

4. Il n'y a qu'une enveloppe ovulaire.

5. *Gale* J. BAUH., *Hist.*, II, 223. — SPACH, *loc. cit.*, 258.

6. BANKS, in *Gærtn. Fruct.*, II, 58, t. 90. — SPACH, *loc. cit.*, 264.

latérales il y a une fleur rudimentaire, très-imparfaitement développée et parfois décrite comme une glande ou un bourgeon. Dans plusieurs espèces américaines ou du cap de Bonne-Espérance, la fleur femelle est entourée de trois ou quatre bractéoles, simulant parfois un petit calice. Ces appendices peuvent s'observer aussi autour du pied des étamines, comme il arrive dans le *M. Nagi*[1], plante japonaise, et dans plusieurs espèces mexicaines et colombiennes. Dans quelques autres des mêmes pays et dans le *M. æthiopica*, les fleurs sont monoïques, et celles des deux sexes se trouvent réunies dans un même chaton. En pareil cas, les mâles, en assez grand nombre, occupent la portion inférieure de l'axe de l'inflorescence ou de ses ramifications, et les femelles en occupent le sommet. Celui-ci est cependant simple; tandis que dans les espèces asiatiques et dans le *M. Faya*, plante des îles Canaries, de Madère, des Açores et de la péninsule ibérique, pour lesquelles on a proposé également d'établir un genre distinct[2], les chatons mâles sont composés et représentent chacun une des divisions, quelquefois assez nombreuses, d'une grappe ramifiée. Les fleurs mâles n'y sont pas, comme dans plusieurs autres sections du genre, accompagnées de bractéoles. Le genre *Myrica* renferme environ trente-cinq espèces [3] et il habite toutes les parties du monde, principalement leurs régions tempérées.

Myrica (Comptonia) asplenifolia.

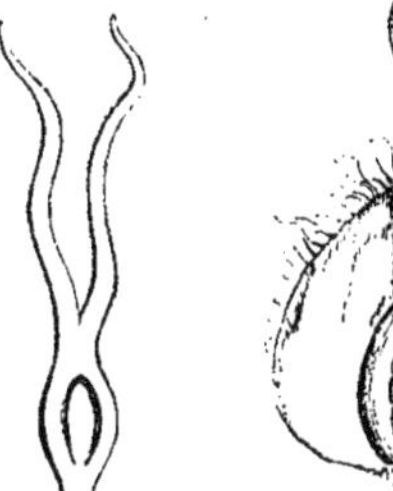

Fig. 225. Fleur femelle, coupe longitudinale. Fig. 224. Fleur femelle, avec ses bractées (¼).

1. Type du g. *Nageia* (GÆRTN., *Fruct.*, I, 191, t. 39, fig. 8).
2. *Faya* WEBB, *Phyt. canar.*, III, 372.
3. L., *Spec.*, 1418 (*Liquidambar*), 1453; *Mantiss.*, 298. — THUNB., *Fl. jap.*, 76; *Fl. cap.* (ed. SCH.), 153, 158. — W., *Spec.*, 746. — JACQ., *Ic. rar.*, t. 625; *Fragm.*, II, t. 1, fig. 4. — DUHAM., *Arbr.*, éd. 2, t. 55, 56. — H. B. K., *Nov. gen. et spec.*, II, 17, t. 98. — MIRB., in *Mém. Mus.*, XIV, t. 27, 28. — MICHX, *Fl. bor.-amer.*, II, 620. — BL., *Bijdr.*, 517; *Fl. jav.*, *Myric.* — AIT., *Hort. kew.*, III, 396. ROXB., *Fl. ind.* (ed. 1832), III, 765. — WALL., *Tent. Fl. nepal.*, 59, t. 45. — WIGHT, *Icon.*, t. 764. — WATS., *Dendrol.*, II, 166, t. 156 (*Comptonia*). — A. RICH., *Tent. Fl. Abyss.*, II, 277. — CHAM. et SCHLTL, in *Linnæa*, VI, 336. — REICHB., *Ic. Fl. germ.*, XI, t. 620. — TAUSCH, in *Flora* (1831), 671. — SIEB. et ZUCC., in *Abh. d. baier. Akad. d. Wissensch.*, IV, 3, 230. — BUCH., in *Flora* (1845), 89. — BENTH., *Pl. Hartweg.*, 251, 266; *Fl. hongk.*, 322. — GRISEB., *Pl. Wright.*, 177; *Fl. brit. W.-Ind.*, 177. — MIQ., *Fl. ind.-bat.*, I, 872; *Mus. lugd.-bat.*, III, 129. — A. GRAY, *Man.*, ed. 5, 457, 458 (*Comptonia*). — CHAPM., *Fl. S. Unit. St.*, 426, 427 (*Comptonia*). — GREN. et GODR., *Fl. de Fr.*, III, 151. — WALP., *Ann.*, I, 738.

Cette famille, hétérogène encore peut-être avec les limites que nous lui donnons, l'était bien plus encore jusque dans ces derniers temps. C'est ADANSON qui, en 1763, l'établit sous le nom de Famille des Châtaigniers [1]. Seulement elle renfermait pour lui trois sections, dont la première seule répond au groupe que nous étudions. A. L. DE JUSSIEU [2] n'en modifia point sensiblement le cadre; mais on ne sait pourquoi il en changea le nom contre celui d'*Amentacées*. Dès 1808, L.-C. RICHARD [3] la subdivisa en Myricées [4], puis en Bétulinées [5] et Cupulifères [6]. B.-MIRBEL distingua, en 1815 [7], la Famille des Corylacées. Aux anciens genres classiques, au nombre de huit, qui constituent ces trois groupes secondaires, c'est-à-dire les *Betula*, *Alnus*, *Corylus*, *Carpinus*, *Quercus*, *Castanea*, *Fagus* et *Myrica*, viennent se joindre, en 1806 le *Didymeles* de DUPETIT-THOUARS [8], et en 1860 le *Leitneria*, découvert par M. CHAPMAN [9]. C'est en 1871 que nous avons [10] fait connaître les *Balanops;* ce qui porte en tout à onze le nombre des genres de cette famille, répartis en six séries, dont voici maintenant les caractères résumés.

I. BÉTULÉES. — Fleurs à périanthe mâle, incomplet ou peu développé. Gynécée supère, nu. Ovaire biloculaire. Ovule solitaire [11], descendant, dans chaque loge. Fruit sec. — Arbres ou arbustes, à feuilles alternes, à stipules latérales. Fleurs en chatons unisexués. — 2 genres.

II. CORYLÉES [12]. — Fleurs sans périanthe mâle. Gynécée infère, surmonté d'un court calice supère. Ovaire biloculaire. Ovule solitaire, descendant dans chaque loge. Fruit sec, à induvie membraneuse, sacciforme ou étalée. — Feuilles alternes, à stipules latérales. Fleurs en chatons unisexués; les femelles gemmiformes. — 2 genres.

III. QUERCINÉES [13]. — Fleurs à périanthe mâle complet ou à peu près. Gynécée infère, surmonté d'un calice supère. Ovaire 2-10-loculaire [14]. Ovules géminés, descendants, dans chaque loge. Fruit sec. Involucre dur, couvert de saillies de forme très-variable et entourant un ou plusieurs

1. *Fam. des pl.*, II, 366 (*Castaneæ*).

2. *Gen.* (1789), 407, Ord. 4.

3. *Anal. du fruit*, 193.

4. *Myriceæ* A. RICH. — BARTL., *Ord. nat.*, 98. — ENDL., *Gen.*, 271, Ord. 37. — *Myricaceæ* LINDL., *Veg. Kingd.* (1846), 256, Ord. 71. — C. DC., *Prodr.*, XVI, sect. II, 147.

5. *Betulineæ* L. C. RICH., ex A. RICH., *Elém.* (éd. 4), 562. — *Betulaceæ* BARTL., *Ord. nat.*, 99. — LINDL., *Introd.*, ed. 2, 171. — ENDL., *Gen.*, 272, Ord. 88. — REG., in *DC. Prodr.*, XVI, sect. II, 161, Ord. 195.

6. RICH., *Anal. du fruit*, 32, 92 (1808). — BARTL., *Ord. nat.*, 99. — LINDL., *Introd.*, ed. 2, 170. — ENDL., *Gen.*, 273, Ord. 89.

7. *Elém. de phys. vég. et de bot.*, II, 906.

8. *Gen. nov. madag.*, 89.

9. *Fl. S. Unit. St.*, 427.

10. In *Adansonia*, X, 117.

11. Rarement on en observe deux, dont un généralement imparfait, dans chaque loge.

12. PAYER, *Fam. nat.*, 163, Fam. 73.

13. J., in *Dict. sc. nat.*, Suppl., II, 12 (1816). — PAYER, *loc. cit.*, 164, Fam. 74. — *Cupuliferæ* RICH. (part.). — A. DC., *Prodr.*, XVI, sect. II, 1, Ord. 194.

14. Les nombres les plus ordinaires étant 3 dans les *Quercus* et 6 dans les *Castanea*.

fruits. — Feuilles généralement alternes, à stipules latérales. Fleurs en chatons simples ou mixtes, ou en cymes. — 3 genres.

IV? BALANOPSÉES. — Fleurs mâles nues. Gynécée supère, entouré de folioles nombreuses, imbriquées (calice?). Ovaire à deux loges incomplètes. Ovules géminés, ascendants. Fruit charnu. Graine à albumen peu épais. — Feuilles alternes ou subverticillées, sans stipules. Fleurs mâles en chatons; fleurs femelles sessiles sur les branches. — 1 genre.

V? LEITNÉRIÉES. — Fleurs mâles nues. Gynécée supère, entouré ou non d'un calice (?) rudimentaire. Ovaires solitaires ou géminés, uniloculaires. Ovule solitaire, inséré dans l'angle interne, descendant. Fruit drupacé. Graine à albumen peu épais ou nul. — Feuilles alternes, avec ou sans stipules. Fleurs en chatons simples ou composés. — 2 genres.

VI? MYRICÉES. — Fleurs mâles nues ou pourvues d'un calice (?) rudimentaire. Gynécée supère, généralement nu. Ovaire uniloculaire. Ovule solitaire, dressé, orthotrope, à micropyle supérieur. Fruit drupacé. Graine à albumen peu abondant ou nul. — Feuilles alternes, à stipules latérales. Fleurs en chatons 1- ou 2-sexués. — 1 genre.

Tels sont les caractères dont la valeur suffit à distinguer les unes des autres les séries. Ceux qui, dans une même série, servent à séparer les genres, sont peu considérables. Ce sont : le degré de développement du périanthe, le nombre des étamines ou des loges de l'anthère, celui des loges ovariennes; la forme, la taille, la consistance et le mode de déhiscence de l'involucre, le nombre des fleurs femelles qu'il contient, la façon dont il enveloppe le fruit ou demeure étalé ou ouvert au-dessous de lui ou à ses côtés; la configuration des cotylédons, leur situation épigée ou hypogée dans la germination. Les caractères constants dans le groupe tout entier sont, par conséquent : la diclinie, l'apétalie, l'inflorescence en chatons ou en épis très-analogues à des chatons; la consistance ligneuse des tiges; le nombre défini des ovules, qui sont solitaires ou géminés, la direction de leur micropyle en dehors; le grand développement des cotylédons, qui sont toujours épais et charnus.

Les affinités [1] de ce groupe se tirent facilement de cet ensemble de

1. Telle qu'elle est encore aujourd'hui, avec des séries si différentes les unes des autres par leur organisation, cette famille demeure, à notre sens, un ensemble de types dégénérés, amoindris, qui sont aux Malvoïdées et Urticoïdées, par les Ulmacées, Artocarpées et Bétulinées, et aux Combrétacées, Hamamélidées, Platanées, par les Quercinées et les Corylées, ce que les Antidesmées sont aux Euphorbiacées, les Juglandées (peut-être) aux Térébinthacées, les Garryacées aux Cornées et Hamamélidées, les Lacistémées aux Bixacées, les Myosurandrées et les Datiscées aux Cunoniées, les Salicinées (peut-être) aux Tamariscinées, etc. M. J. G. AGARDH (*Theor. Syst.*, 159, 162, 174) considère les Corylées comme représentant peut-être une forme réduite des Diptérocarpées, les Myrobalanées comme collatérales aux Cupulifères supérieures et aux Aquilarinées, dont il indique également, dans le même ouvrage, l'affinité avec les Bétulées.

caractères. C'est à peine s'il peut se séparer de la famille des Ulmacées à laquelle ADANSON l'avait, comme nous l'avons vu, réuni. Seulement on n'observe normalement parmi les Castanéacées, ni les fleurs polygames des Ormes, ni les stipules caractéristiques des Artocarpées, ni la disposition particulière aux filets staminaux des Morées, ni le latex opalin ou laiteux de ces deux derniers groupes. De plus, à l'âge adulte, la plupart des Castanéacées ont conservé dans l'ovaire plus d'une loge ovulifère ; ce qui n'arrive dans aucune Ulmacée. D'autre part, par les Bétulées, la famille que nous étudions touche aux groupes amentacés de la famille des Euphorbiacées, tels que les Scépées et les Antidesmées ; et par les Corylées, aux séries de la famille des Saxifragacées qui comprennent les Platanes et les Hamamélidées. En effet, ainsi que nous l'avons dit ailleurs [1], ce n'est pas une simple ressemblance de feuillage et de port qu'on trouve entre les Aunes et certains *Fothergilla* ou *Parrotia*, ou entre les *Corylopsis* et les *Corylus ;* car ces derniers, avec leur ovaire infère et leurs ovules descendants, en nombre parfaitement défini, dans des loges d'abord incomplètes, semblent n'être que des représentants amentacés et apétales des *Corylopsis* et des Hamamélidées voisines. De là une analogie des Quercinées et des Corylées avec les Cornacées, qui ont elles-mêmes tant de rapports avec les Hamamélidées. Abstraction faite de l'involucre et de tous ces organes accessoires, à accroissement tardif, qui constituent les cupules et les sacs épineux des Corylées et des Quercinées, la fleur à ovaire infère des Chênes, Châtaigniers, etc., est tout à fait construite comme celle des Combrétacées apétales, notamment des *Terminalia*, qui souvent aussi ont des fleurs apétales, diclines, en épis ou en capitules amentiformes (*Anogeissus*, *Ramatuella*, *Conocarpus*), et dont les placentas, pariétaux au début, comme ceux des *Quercus* ou des *Castanea*, mais demeurant tels jusqu'au bout, portent pareillement des ovules en nombre défini, descendants, avec le micropyle extérieur et supérieur. Par les Myricées enfin, cette famille se rapproche des Juglandées dont l'ovaire uniloculaire renferme également un ovule orthotrope et dressé [2] ; mais l'indépendance du gynécée des Ciriers suffit immédiatement à les en distinguer [3].

1. Voy. *Adansonia*, X, 137.

2. M. CLARKE (in *Ann. Nat. Hist.* (1858), 100) considère les *Myrica* comme intermédiaires aux Amentacées et aux Urticées.

3. Le *Leitneria* semble relier les Amentacées aux Saules. Les *Balanops* ont un fruit et un port qui rappellent les Sapotacées ; ils en représentent peut-être une forme apétale et amentacée.

On évalue à quatre cent vingt-cinq environ le nombre total des espèces de cette famille. La série des Quercinées en comprend à elle seule trois cent quinze. Les Corylées sont au nombre de vingt; les Bétulées, de vingt-huit; les Myricées, de trente-cinq. Tous les genres qui composent ces groupes sont communs aux deux mondes. Au contraire, le *Leitneria* est limité à une portion très-étroite de l'Amérique, et le *Didymeles*, à Madagascar. Les *Balanops* n'ont été observés qu'à la Nouvelle-Calédonie. Au sud de l'Amérique méridionale, aussi bien qu'en Australie et à la Nouvelle-Zélande, la famille est représentée par ces curieuses espèces de Hêtres qui appartiennent à la section *Nothofagus*, ou par le *Fagus antarctica* qui croît jusqu'au cap Horn. Dans l'Amérique du Nord, le *F. ferruginea* habite les mêmes régions à peu près qu'en Europe le *F. sylvatica*, qui remonte en Norvége jusqu'au delà du 60ᵉ degré. Le Châtaignier commun s'étend sur une vaste aire de la région méditerranéenne et de l'Asie centrale, depuis le Portugal jusqu'au Japon; et en Amérique il est remplacé par le *Castanea pumila*. Les Chênes croissent dans tout l'hémisphère boréal et entre les tropiques. Les Charmes remontent en Europe jusqu'à la Suède, et en Amérique jusqu'à Terre-Neuve et au Canada; le *Corylus Avellana*, jusqu'en Norvége, au delà de 65°; et le *C. americana*, jusqu'au Canada, et en Asie jusqu'au fleuve Amour. Les Bouleaux existent en Europe jusqu'en Irlande et au cap Nord, à la latitude de 71°, tandis qu'en Norvége le Hêtre ne dépasse guère 60°,3, le Chêne 60°,5, et le Noisetier 65°,3 [1]. Dans les forêts sous-marines, observées en plusieurs points du littoral de l'Europe, on observe en grand nombre les Chênes, les Noisetiers et les Bouleaux [2]. Le plus cosmopolite des genres de cette famille est, sans contredit, le genre *Myrica*, puisqu'il s'observe en Europe, de la Laponie au Portugal; en Afrique, des Açores et des Canaries jusqu'au cap de Bonne-Espérance, et à l'est, en Abyssinie et à Madagascar, et qu'il est également représenté en Amérique, du Labrador au Mexique, en Colombie et au Pérou, au Japon, dans l'Inde, à Java et à la Nouvelle-Calédonie.

USAGES. — C'est pour leur bois [3], avant tout, que les Castanéacées sont recherchées; et il est inutile d'insister sur les qualités de celui des

1. A. DC., *Géogr. bot. rais.*, 279, 305, 311, 328, 473, 530, 616, 807, 1064.

2. Parmi les genres fossiles, abondants dans les terrains récents, on cite surtout ceux établis par UNGER (*Chlor. protog.*), sous les noms de *Carpinites*, *Fagites*, *Fegonium*, *Quercinium*, *Quercites*. (Voy. ENDL., *Gen.*, Suppl., IV, p. II, 30.)

3. C'est, en général, celui qui a été le plus étudié au point de vue histologique, et c'est sou-

Chênes, Châtaigniers, Hêtres, Coudriers, Charmes, Aunes et Bouleaux. Les Chênes sont, en outre, employés pour les principes astringents que renferme leur écorce. Celle-ci, séchée et réduite en poudre, constitue le tan, qui sert principalement à la préparation des peaux. Elle peut servir aussi à l'extraction du tannin, et la médecine en a fait et fait encore un grand usage comme tonique, fébrifuge, etc. Chez nous, c'est généralement l'écorce du Chêne Rouvre [1] (fig. 181-188) qui sert à ces différents objets, notamment sa variété à fleurs femelles et à fruits sessiles [2], et celle qui est pédonculée [3] et qui est souvent désignée sous le nom de Chêne blanc [4]. Ses glands sont riches en fécule, mais ils sont d'une âpreté telle, qu'on ne peut les employer à l'alimentation de l'homme sans leur faire subir une préparation trop coûteuse pour que cette fécule douce puisse être communément utilisée. Aussi ne servent-ils qu'à la nourriture des animaux, notamment des porcs. Il y a plusieurs autres *Quercus* dont les fruits sont naturellement doux et sucrés. On cite surtout en Europe les *Q. Ilex* [5], *Ballota* [6], et même les Chênes-liéges. Ceux-ci sont au nombre de deux, le *Q. Suber* [7] et le *Q. occidentalis* [8], distingués principalement l'un de l'autre par la durée de la maturation de leur fruit [9], mais présentant tous deux cette particularité que leur couche subéreuse prend, à partir d'un certain âge, un énorme déve-

vent lui qui a servi de type aux descriptions générales de l'anatomie de la tige des Dicotylédones (voy. KIÉS., *Mém. sur l'organis. des pl.* (1814), t. 14 (*Quercus*) — MIRB., in *Mém. Mus.*, XIV (1818), 31 (*Fagus*). — G. DE BUSAREING., in *Ann. sc. nat.*, sér. 1, XXX, t. 7-9 (*Quercus*). — LINK, *Elem.* (1837), t. 4; *Icon. An. bot.*, fasc. I, VI, 4-15 (*Betula*). — TREVIR., *Phys. Gew.* (1835), I, t. III, 34-36 (*Fagus*). — DUTROCH., in *l'Institut*, n. 192 (*Quercus*). — BISCHOFF, *Lerhb.*, t. 2 (*Quercus*). — C. H. SCHULZ, in *Nov. Act. nat. Cur.* (1841), XVIII, Suppl., II, t. 33 (*Betula*). — H. MOHL, in *Bot. Zeit.* (1855), 880 (*Fagus*, *Betula*). — HARTIG, in *Bot. Zeit.* (1859), 94, 97 (*Fagus*). — HOFFMANN, *Z. Kenntn. d. Eichenholz.*, in *Flora* (1849), 369. — HOOK. F., *Fl. antarct.*, I, 300, t. 107 (*Fagus*). — SCHACHT, *Der Baum* (trad. E. MORREN), 425, 426 (car. du bois et de l'écorce).

1. *Quercus Robur* L., *Spec.*, 1414. — A. DC., *Prodr.*, XVI, sect. I, 4, n. 1. — GUIB., *Drog. simpl.*, éd. 6, II, 286. — MÉR. et DEL., *Dict. Mat. méd.*, V, 585. — ROSENTH., *op. cit.*, 185.

2. *Q. sessiliflora* MARTYN. — SM., *Brit. Fl.*, III, 1026. — GREN. et GODR., *Fl. de Fr.*, III, 116. — ROSENTH., *op. cit.*, 184. — BERG et SCHM., *Darst. Off. Gew.*, t. VII f. (*Chêne à grappes*, *C. rouge*, *C. mâle*, *Roure*, *Rouve*, *Roble*).

3. *Q. pedunculata* EHR., *Arbr.*, 77. — BERG et SCHM., *op. cit.*, t. VIII a (*Q. Robur*). — *Q. racemosa* LAMK, *Dict.*, I, 715.

4. *C. femelle*, *Gravelin*.

5. L., *Spec.*, 1412. — A. DC., *Prodr.*, n. 73. — *Q. Gramuntia* L. — *Q. calicina* POIR., *Dict.*, Suppl., II, 217. — *Suber angustifolium non serratum* DUHAM., *Arbr.*, II, 291, t. 2 (*Yeuse*, *Quesne*).

6. DESF., in *Act. Acad. par.* (1790), c. ic.; *Fl. atl.*, II, 350. — *Q. Castellana* POIR., *Dict.*, Suppl., II, 226 (?). — *Q. rotundifolia* LAMK (var. pour M. A. DE CANDOLLE (*Prodr.*, 39) du *Q. Ilex*). On a pensé (ROSENTH., *Syn. pl. diaphor.*, 186) que le gland de cette espèce servait à fabriquer le *racahout des Arabes*.

7. L., *Spec.*, ed. 2, 1413. — DUHAM., *Arbr.*, éd. 2, 7, t. 45. — NEES, *Pl. off.*, Suppl. — HAYNE, *Arzn. Gew.*, 12, t. 43. — A. DC., *Prodr.*, n. 75 (*Alcornoque*, *Surier*, *Rusque*, *Leuge*).

8. J. GAY, in *Bull. Soc. bot. de Fr.*, IV, 445; in *Ann. sc. nat.*, sér. 4, VI, 445. — A. DC., *Prodr.*, n 81. — *Q. Suber* KOTSCH., *Eich.*, t. 33.

9. Elle est bienne dans le dernier, et la maturation a lieu l'année même dans le véritable *Q. Suber*.

loppement [1]. Il n'existe au début, en dedans de l'épiderme de leurs tiges, que des assises en petit nombre de cellules incolores, disposées en séries rayonnantes. Plus intérieurement, le parenchyme, gorgé de chlorophylle, est entremêlé d'amas de cellules plus grandes et incolores. Dans le cours de la deuxième et de la troisième année, ces dernières deviennent plus compactes et leur paroi s'épaissit davantage, pendant que les cellules interposées se dessèchent et brunissent. La couche subéreuse s'épaississant encore pendant la quatrième et la cinquième année, l'épiderme se déchire, et la masse de liége s'accroît désormais par la profondeur, formant de ce côté une couche nouvelle chaque année. Ces zones annuelles sont séparées par des couches interposées de périderme, d'une couleur plus foncée. Vers l'âge de dix à quinze ans, on commence à *démascler* des plaques rectangulaires verticales de ce liége dit *mâle*, au-dessous desquelles se trouvent le liber et les portions profondes du parenchyme cortical, constituant le *lard* ou *mère*. En dehors de celui-ci se reproduiront et seront détachées à leur tour, tous les sept ou huit ans, les plaques de liége *femelle* dont la qualité est de beaucoup supérieure. C'est dans le sud-ouest de l'Europe (et en particulier de la France) et au nord-ouest de l'Afrique, que se fait principalement cette exploitation. C'est une autre espèce de la région méditerranéenne, le *Q. coccifera* [2], qui porte et nourrit le Kermès animal, autrefois si célèbre dans l'industrie comme substance tinctoriale, et dans la médecine comme faisant le fond de la fameuse *confection Alkermès*. La Noix de galle du Levant, la meilleure que l'on emploie en thérapeutique et dans les arts, se développe à la suite de la piqûre d'un insecte hyménoptère, le *Diplolepis gallæ tinctoriæ*, dont la femelle perce de sa tarière les bourgeons à peine formés du *Q. lusitanica* [3], espèce méditerranéenne, pour déposer ses œufs dans leur intérieur. Le bourgeon s'hypertrophie par l'accumulation d'une grande quantité de

1. Sur la production du liége, voy. H. MOHL, *Ueb. d. Entwickel. des Korkes* (1836); *Ueb. d. Wieder-ersatz des Korkes bei* Q. Suber [in *Bot. Zeit.* (1848), 361]. — HANST., *Unters. über d. Bau und d. Entw. d. Baumrinde.* Berlin (1853). — C. DC., *De la production nat. et art. du liége* (in *Mém. Soc. Gen.*, XVI). — DUCHTRE, *Elém.*, 157.

2. L., *Spec.*, 1413. — WEBB, *It. hispan.*, 15. — A. DC., *Prodr.*, n. 104. — GUIB., *Drog. simpl.*, éd. 6, II, 289. — HAYNE, *Arz. Gew.*, t. 44. — *Q. pseudococcifera* DESF., *Fl. atl.*, II, 349. — BOISS., *Voy. Esp.*, 578, t. 165. — *Q. Mesto* BOISS., *op. cit.*, t. 166. — *Q. Auzandri* GREN. et GODR., *Fl. de Fr.*, III, 119 (*Avaux, Conchille, Garouille, Arbre au vermillon, Chêne au kermès*).

3. LAMK, *Dict.*, I, 719 (1783). — WEBB, *Ot. hisp.*, 11. — A. DC., *Prodr.*, n. 19. — *Q. infectoria* OLIV., *Voy.*, I, 252, t. 14, 15. — GUIB., *Drog. simpl.*, éd. 6, II, 282, fig. 418. — MÉR. et DEL., *Dict. Mat. méd.*, V, 581. — BERG et SCHM., *Darst. off. Gew.*, t. XXIX *b*. — *Q. canariensis* W., *Enum. Hort. berol.*, 975. — *Q. rigida* C. KOCH, in *Linnæa*, XIX, 15. — *Q. Mirbeckii* DUR., in *Rev. bot.*, II, 426. — *Q. brachycarpa* KOTSCH. — *Q. Cypri* KOTSCH. — *Q. Pfæffingeri* KOTSCH. — *Q. gallæ turcicæ* off. (*Chêne à la galle d'Alep, C. des teinturiers, Zen, Zend*).

tannin et de fécule dont le jeune insecte se nourrit au sortir de l'œuf et jusqu'à l'époque où il perce la galle pour en sortir à l'état parfait. Beaucoup d'autres Chênes, notamment les C. vert et Rouvre et, dans la France austro-occidentale, le C. Tauzin [1], portent sur différents de leurs organes, bourgeons, feuilles et fruits, des galles produites d'une façon analogue, mais de forme, de couleur et de consistance très-différentes, et, en général, fort inférieures en qualité à celle dont nous avons parlé en premier lieu [2]. Toutes servent également à l'extraction du tannin et à la préparation de nombreux médicaments, de l'encre, de teintures, etc. Les espèces employées comme tinctoriales ou pour préparer les peaux, et toutes riches en tannin, sont aussi fort nombreuses dans les deux mondes. Les plus célèbres sont le C. jaune ou Quercitron [3] de l'Amérique du Nord, les C. rouge [4], blanc [5], cendré [6] et bicolore [7] du même pays; en France, le C. de Bourgogne [8]; en Orient, le C. velani [9], sans compter toutes les espèces d'intérêt secondaire qui jouissent des mêmes propriétés et dont l'industrie emploie soit le bois, soit l'écorce ou les glands [10]. Les Châtaigniers, si peu distincts génériquement des Chênes, ont aussi leurs propriétés astringentes. Dans notre C. commun [11] (fig. 189-198), aussi bien que dans celui des C. américains

1. *Q. Toza* BOSC, in *Journ. d'Hist. nat.*, II, 155, t. 32, fig. 3. — A. DC., *Prodr.*, n. 4. — GREN. et GODR., *Fl. de Fr.*, III, 117. — *Q. pyrenaica* W., *Spec.*, IV, 451. — LAMK, *Ill.*, t. 779. — *Q. nigra* THORE, *Land.*, 381 (nec L.). — *Q. Tauzin* PERS., *Enchirid.*, II, 571. — *Q. stolonifera* LAP., *Abr.*, 582. — *Q. brossa* BOSC, *Mém.*, 15 (*Chêne brosse*, *C. angoumois*).

2. On cite surtout les galles produites par les *Q. Cerris* L., *humilis* LAMK, *Ægilops* L., *tauricola* KOTSCH., *Vallonia* KOTSCH. Les *Q. Ægilops* et *coccifera* donnent aussi une substance sucrée, dite Manne de Chêne.

3. *Q. coccinea* WANGENH., *Anpfl. nordam. Holz.* (1777), 44, fig. 9. — MICHX, *Chên.*, t. 31, 32. — MICHX F., *Arbr. amér.*, II, 116, t. 23. — A. DC., *Prodr.*, n. 119. — *Q. rubra* L., *Spec.*, 1413. — *Q. tinctoria* MICHX, *Chên.*, t. 24, 25. — MICHX F., *loc. cit.*, t. 22. — HAYNE, *Arzn. Gew.*, 12, t. 46. — *Q. velutina* LAMK, *Dict.*, II, 721. — *Q. discolor* W., *Spec.*, IV, 444? (*C. jaune*, *C. noir d'Amérique*).

4. *Q. rubra* L., *Spec.*, 1413 (part.) — WANGENH., *loc. cit.*, t. 7. — MICHX, *op. cit.*, t. 35, 36. — A. DC., *Prodr.*, n. 116.

5. *Q. alba* L., *Spec.*, 1414. — MICHX, *op. cit.*, II, 13, t. 1. — EMERS., *Tr. Massach.*, 127, t. 1. — A. DC., *Prodr.*, n. 26.

6. *Q. cinerea* MICHX, *Chên.*, t. 14. — A. DC., *Prodr.*, n. 145.

7. *Q. bicolor* W., in *Nov. Act. berol.*, III, 396; *Spec.*, IV, 440. — EMERS., *op. cit.*, 135, t. 4. — A. DC., *Prodr.*, n. 23. — *Q. Michauxii* NUTT., *Gen. amer.*, II, 215.

8. *Q. Cerris* L., *Spec.*, 1415. — HAYNE, *Arzn. Gew.*, XII, t. 48. — GREN. et GODR., *Fl. de Fr.*, III, 118. — A. DC., *Prodr.*, n. 79 (*Doucier*, *Gland châtin*).

9. *Q. Ægilops* L., *Spec.*, 1414 (nec SCOP.). — TCHIHATCH., *As. min.*, t. 41. — *Q. Valani* OLIV. (*Velanède*, *Velanida*, *Avelanède*).

10. Par exemple les *Q. montana* W. (*Prinos monticola* MICHX), *oliviformis* MICHX, *lyrata* WALT., *Prinus* L., *Esculus* L., *Castanea* W., *falcata* MICHX, *virens* AIT., *macrocarpa* MICHX, *lobata* NEE, *falcata* MICHX, *Catesbæi* MICHX, *palustris* DU ROI, *aquatica* WALT., et autres espèces si intéressantes de l'Amérique du Nord, la plupart introduites dans quelques cultures européennes, où elles excitent à un si haut degré l'intérêt des botanistes; dans l'ancien monde, les *Q. Farnetto* TEN., *humilis* LAMK, *alnifolia* POECH, *macrolepis* KOTSCH., le *Q. pseudosuber* SANT. (*Q. castaneæfolia* COSS.), qui sert aussi, dit-on, à l'extraction du liége, les *Q. Libani* OLIV., *castaneæfolia* C. A. MEY., *incana* ROXB., etc. (Voy. KOTSCH., *Eich. eur. und or.*, 1858-62. — ROSENTH., *op. cit.*, 184-188.)

11. *C. vulgaris* LAMK, *Dict.*, I, 708 (1783). — A. DC., *Prodr.*, 114. — *C. sativa* MILL., *Dict.* — *C. vesca* GÆRTN., *Fruct.*, t. 3. — REICHB., *Ic. Fl. germ.*, t. 640. — TURP., in

qu'on a toujours considéré comme espèce différente et qui a reçu le nom de *Castanea pumila* [1], le liber a été employé comme antidysentérique, l'involucre des fruits comme tinctorial; l'écorce a servi à tanner les peaux et à fabriquer de l'encre. Le bois des Châtaigniers est un des plus utiles que l'on connaisse; ce sont des arbres précieux qui croissent même dans les plus mauvais terrains siliceux. Les fruits [2] sont, comme on sait, comestibles et servent à faire bien des préparations alimentaires [3]. Les Hêtres sont non moins utiles, principalement le H. commun [4] (fig. 199-204) dont le bois sert à une foule d'usages et dont l'écorce et les fruits sont recherchés pour le tannage et la teinture. Le charbon et la suie qu'on en retire sont employés à la fabrication de la poudre et d'une couleur bistre assez estimée. Le fruit est la faîne, qui sert à faire une sorte de pain et dont l'embryon est riche en huile bonne pour la table et l'éclairage. En Amérique, c'est le *Fagus ferruginea* [5] qui s'applique aux mêmes usages, industriels et économiques. Au Chili, le *F. obliqua* [6] donne, au dire des voyageurs, un bois qui vaut à peu près celui du Chêne. Les Aunes et les Bouleaux sont aussi des arbres précieux, notamment dans l'Europe et l'Amérique boréales. L'Aune commun [7] (fig. 165-167) a une écorce astringente; on l'a employée au traitement des fièvres et des angines. Ses feuilles passaient pour vulnéraires; on les appliquait sur les tumeurs et on leur attribuait la vertu d'arrêter la sécrétion du

Dict. sc. nat., Atl., t. 304, 305. — MÉR. et DEL., *Dict. Mat. méd.*, II, 133. — GUIB., *op. cit.*, II, 284. — ROSENTH., *op. cit.*, 188. — *C. japonica* BL. — *C. Bungeana* BL. — *C. vesca americana* MICHX, *Arbr.*, II, 56, t. 6. — *C. americana* RAFIN., *N. sylv.*, 82. — *Fagus Castanea* L., *Spec.*, 416. — THUNB., *Fl. jap.*, 195 (*Castagnié*, *Marronnier d'Europe*).

1. MILL., *Dict.*, n. 2. — WANGENH., *Nordam. Holz.*, t. 47. — MICHX, *Arbr.*, II, 166, t. 7. — *C. alnifolia* NUTT. — *C. nana* MUEHLB., *Cat.*, 86. — ELL., *Sketch*, II, 614. — *Fagus pumila* L., *Spec.*, 1416 (*Chincapin*).

2. *Corives*, *Gagnaudes*, *Marrons de Lyon*.

3. A Java, dans l'Inde, etc., plusieurs espèces (rapportées au g. *Castanopsis*) ont des graines comestibles, notamment les *C. javanica* BL., *Tungurrut* BL., *argentea* BL., *indica* ROXB. On mange, dit-on, en Californie les petits fruits du *C. chrysophylla* HOOK. (*Bot. Mag.*, t. 4953).

4. *Fagus sylvatica* L., *Spec.*, 1416 (part). — SCHUHR, *Handb.*, t. 303. — DUHAM., *Arbr.*, éd. 2, 80, t. 24. — REICHB., *Ic. Fl. germ.*, t. 639. — HART., *Forstl.*, t. 20, 25, fig. 56, 103. — MÉR. et DEL., *Dict. Mat. méd.*, III, 210. — GUIB., *Drog. simpl.*, éd. 6, II, 283. — A. DC., *Prodr.*, XVI, sect. II, 118. — GREN. et GODR., *Fl. de Fr.*, III, 115. — ROSENTH., *op. cit.*, 188 (*Fayard*, *Fayau*, *Fau*, *Fan*, *Faou*, *Fouteau*, *Favinier*).

5. AIT., *Hort. kew.*, III, 362. — A. DC., *Prodr.*, 118, n. 1. — *F. sylvestris* MICHX, *Arbr. Am.*, II, 170, t. 8. — *F. sylvatica americana* LOUD., *Encycl.*, fig. 1695. — *F. alba* RAFIN. — *F. nigra* RAFIN. (*Hêtre rouge*).

6. MIRB., in *Mém. Mus.*, XIV, 465, t. 23. — C. GAY, *Fl. chil.*, V, 388 (*Roble*, *Pellin*, *Coyan*, *Hualle*). On emploie aussi, dans le même pays, le bois du *F. Dombeyi* MIRB. (*Coyhue*, *Coigne*), dont l'écorce sert à faire des embarcations, et en Australie, celui du *F. Cunninghami* HOOK. (*Myrtle tree*).

7. *Alnus glutinosa* W., *Spec.*, IV, 334. — GÆRTN., *Fruct.*, II, t. 90. — GREN. et GODR., *Fl. de Fr.*, III, 149. — REG., *Prodr.*, XVI, sect. II, 186. — GUIB., *op. cit.*, II, 282. — ROSENTH., *op. cit.*, 182, 1105. — H. BN, in *Dict. encycl. sc. méd.*, VII, 254. — *A. barbata* C. A. MEY. *Enum. pl. caucas.*, 43. — *A. oblongata* W. — *A. elliptica* REG. — *A. nitens* C. KOCH. — *A. Morisiana* BERT. — *A. suaveolens* BERT. — *A. denticulata* C. A. MEY. — *Betula Alnus glutinosa* L., *Spec.*, 1394 (*Bergue*, *Vergne*, *Verne*).

lait. L'*Alnus serrulata* [1] sert en Amérique au traitement des affections cutanées, scrofuleuses et syphilitiques. Plusieurs autres *Alnus* [2] ont des propriétés analogues. Le plus employé des Bouleaux est le B. blanc [3] (fig. 151-157), arbre des régions froides et tempérées de notre hémisphère. Sa séve, extraite au printemps, est sucrée et acidule. On l'a prescrite contre de nombreuses maladies [4], la goutte, les rhumatismes, les dermatoses. On en retire du sucre et du vinaigre ; on peut en préparer une sorte de vin petillant, regardé, ainsi que la séve elle-même, comme diurétique et dépuratif, antidartreux et antipsorique, vermifuge et lithontriptique. L'écorce et les feuilles ont été préconisées contre les engorgements scrofuleux, les tumeurs, les douleurs, les hydropisies. L'écorce a été vantée comme antipsorique, antiscorbutique et fébrifuge. Elle fournit, par distillation, une huile pyrogénée qui a l'odeur des fins cuirs de Russie, et qui sert, dit-on, à les préparer. On en dit autant de l'écorce et des feuilles des *Myrica,* notamment de celles du *M. Gale*. Le Bouleau noir [5] et le B. nain [6] ont les mêmes propriétés [7]; leur séve sert aussi à préparer une sorte de bière fermentée. Presque toutes les espèces du genre ont une écorce flexible qui se détache facilement et qui s'emploie à la confection de certains objets usuels [8]. Les Coudriers sont recherchés pour leur bois, leur écorce fébrifuge et tonique, et leurs feuilles tinctoriales, mais surtout pour leur graine alimentaire dont s'extrait une huile comestible. En Europe, c'est principalement le Noisetier commun [9] (fig. 168-173) ou Avelinier, avec ses nombreuses variétés et formes cultivées [10], et les *Corylus tubulosa* [11] et *Colurna* [12]; aux États-Unis, le *C. americana* [13] et le *C. rostrata* [14] qui se

1. W., *Spec.*, IV, 336. — MICHX, *Arbr.*, III, 321, t. 4, fig. 1. — A. DC., *Prodr.*, n. 13.

2. L'*A. incana* W. est astringent, tinctorial. Les *A. cordifolia* TEN. (fig. 158-164), *rubra* BONG., *incana* W., *jorullensis* K.. ont les mêmes propriétés que nos Aunes communs.

3. *Betula alba* L., *Spec.*, II, 1393. — GREN. et GODR., *Fl. de Fr.*, III, 147. — REG., *Prodr.*, 162, n. 1. — H. BN, in *Dict. encycl. sc. méd.*, X, 314 (*Biès, Bouillard, Arbre de la sagesse*).

4. « L'eau de Bouleau est l'espoir, le bonheur et la panacée des habitants riches et pauvres, grands et petits, seigneurs et serfs. » (PERCY.)

5. *B. nigra* W., *Spec.*, IV, 464. — REG., *Monogr. Betul.*, 60, t. 12; *Prodr.*, n. 16. — *B. rubra* MICHX, *Arbr.*, II, 143, t. 3.

6. *B. nana* L., *Spec.*, 1394 ; *Fl. lapp.*, 266, t. 6, fig. 4. — REG., *Prodr.*, n. 7.

7. Les *B. carpinifolia, populifolia, papyracea* AIT., *Bhojpattra* WALL., sont dans le même cas.

8. Sur l'écorce des *Betula*, voy. BÉKÉTOFF, in *Bull. Mosc.*, XIII, 75.

9. *Corylus Avellana* L., *Spec.*, 1417. — SCHKUHR, *Handb.*, t. 305. — DIETR., *Fl. bor.*, t. 842. — REICHB., *Ic. Fl. germ.*, t. 636. — GUIB., *Drog. simpl.*, éd. 6, II, 283. — ROSENTH., *op. cit.*, 184, 1105. — C. DC., *Prodr.*, 130, n. 3 (*Abélanié, Caure, Coudre, Nouseillier*).

10. Notamment le Noisetier à gros fruits (*C. Avellana macrocarpa* REICHB., *Ic.*, t. 638), ou N. de Piémont, de Barcelone ; les N. d'été, à graine rouge, panaché, crépu, à fruits glomérés, etc.

11. W., *Spec.*, IV, 470. — DOCHM., *Obstk.*, IV, 38. — A. DC., *Prodr.*, 132, n. 5.

12. L., *Spec.*, 1417 (part.). — DOCHM., *op. cit.*, IV, 52. — A. DC., *Prodr.*, n. 4. — *C. bizantina* CLUS., *Hist.*, 11. — *Avellana byzantina* J. BAUH. (*N. de Constantinople*).

13. WALT., *Fl. carol.*, 236. — *C. humilis* W., *Baumz.*, 108. — *C. americana humilis* WANGENH., *Arb.*, 88, t. 29, fig. 63.

14. AIT., *Hort. kew.*, III, 364. — A. DC., *Prodr.*, 133, n. 7.

retrouve dans le nord de l'Asie orientale [1]. Ils ont les mêmes propriétés et le même embryon alimentaire. Les Charmes ont un bois des plus utiles, une écorce interne employée en teinture dans quelques parties de l'Europe. Les Charmilles de nos parcs sont faites avec le C. commun [2] (fig. 175-180). On y cultive plus rarement le *C. Ostrya* [3] ou Charme-Houblon dont l'écorce et le bois sont aussi exploités, et le *C. virginiana* [4] ou Orme de Virginie, utilisé par l'industrie américaine. Les Ciriers tirent leur nom de cette particularité que présente leur péricarpe, de développer, dans sa substance charnue et à sa surface, une matière cireuse qui ressemble à celle que fabriquent les abeilles. Le *Myrica cerifera* [5] est le plus connu sous ce rapport ; mais la même propriété existe aussi dans les *M. pensylvanica* [6] et *carolinensis* [7], dans les *M. cordifolia* [8], *quercifolia* [9], espèces du Cap, et le *M. æthiopica* [10], d'Abyssinie. Généralement, les fruits de ces plantes sont traités par l'eau bouillante, à la surface de laquelle s'élève la cire liquéfiée par la chaleur. Les *Myrica* ont tous une écorce astringente, notamment dans l'Inde, le *M. sapida* [11], et notre *M. Gale* [12] (fig. 217-223), espèce des marais qui a des feuilles odorantes [13], substituées au houblon en Suède, et au tabac en Norvége. C'est une plante à teinture jaune. Les fruits du *M. sapida* et du *M. esculenta* [14] se mangent dans l'Inde et dans les îles occidentales de l'Afrique. Plusieurs Ciriers sont cultivés chez nous. Il en est de même d'un grand nombre d'espèces des autres genres de la famille, Chênes, Hêtres, Bouleaux, Aunes, Charmes et Coudriers, et notamment de leurs formes et variétés à tige fastigiée ou couchée, à rameaux pleureurs, à feuilles laciniées ou colorées en brun ou en pourpre.

1. *C. mandschurica* MAXIM., exs.

2. *Carpinus Betulus* L., *Spec.*, 1416. — DUHAM., *Arbr.*, éd. 2, II, t. 58. — REICHB., *Ic. Fl. germ.*, t. 632. — HART., *Forst.*, t. 21. — GREN. et GODR., *Fl. de Fr.*, III, 120. — A. DC., *Prodr.*, 126, n. 1 (*Charme blanc*, *Charpre*, *Charpenne*). Le *C. caroliniana* WALT. est employé en Amérique aux mêmes usages.

3. Voy. p. 226, note 1.

4. Voy. p. 226, note 2.

5. L., *Spec.*, 1453. — MICHX, *Fl. bor.-amer.*, II, 227. — BIGEL., *Med. Bot.*, t. 43. — MÉR. et DEL., *Dict. Mat. méd.*, IV, 531. — C. DC., *Prodr.*, XVI, sect. II, 148, n. 5 (*Laurier sauvage*, *Cirier de la Louisiane*).

6. LAMK. — DUHAM., *Arbr.*, éd. 2, II, 190, t. 55 (var. (?) de l'esp. précédente).

7. W., *Spec.*, IV, 746 (var. à peine dist. de l'esp. précédente).

8. L., *Spec.*, 1453. — DUHAM., *Arbr.*, II, 193. — C. DC., *Prodr.*, n. 2 (*Buisson de cire*). Les Hottentots mangent, dit-on, cette cire comme une sorte de pain.

9. Var. (?) du *M. cordifolia*. Elle donne une cire à bougies verte.

10. L., *Mantiss.*, 298. — THUNB., *Fl. cap.*, 153. — C. DC., *Prodr.*, n. 31. — *M. serrata* LAMK. Le *M. arguta* H. B. K., de la Colombie, sert à teindre les étoffes.

11. WALL., *Tent. Fl. nepal.*, 59, t. 45.

12. L., *Spec.*, 1453. — DUHAM., *Arbr.*, éd. 2, t. 57. — REICHB., *Ic. Fl. germ.*, t. 620. — MÉR. et DEL., *Dict. Mat. méd.*, IV, 531. — GUIB., *op. cit.*, II, 281. — GREN. et GODR., *Fl. de Fr.*, III, 151. — C. DC., *Prodr.*, 147 (*Myrte des marais*, *M. bâtard*, *M. de Brabant*, *Piment royal*, *Poivre de Brabant*, *Thé de Simon Pauli*, *Miolane*, *Romarin du Nord*).

13. Elles servent, dit-on, à préparer certains cuirs de Russie, ainsi que l'écorce de plusieurs Aunes et Bouleaux (p. 252).

14. Le *M. Faya* AIT. (*Faya fragifera* WEBB) a de gros fruits charnus que l'on mange aux Canaries et à Madère.

GENERA

I. BETULEÆ.

1. **Betula** T. — Flores amentacei monœci apetali; calyce 4-phyllo; foliolis basi connatis, valde inæqualibus; uno majore evoluto; cæteris minoribus squamiformibus, minimis v. omnino abortivis. Stamina 2 (v. 4 ?), centralia; filamentis (antico posticoque) superne 2-fidis; loculis antherarum singularum inde longe discretis, extrorsum longitudine rimosis. Flos fœmineus nudus; gynæceo libero. Germen compressum, 2-loculare; stylo fere a basi 2-partito; ramis elongato-filiformibus, superne stigmatosis. Ovula in loculis 1 (rarissime 2), descendentia anatropa; micropyle extrorsum supera. Fructus siccus, indehiscens, angulatus v. secus margines alatus samaroïdeus, stylo coronatus, plerumque abortu 1-spermus. Semen descendens; integumento tenui; embryonis exalbuminosi cotyledonibus planis carnosulis, germinatione foliaceis; radicula supera. — Arbores v. frutices; foliis alternis penninerviis; stipulis lateralibus, sæpius caducis; amentis masculis e gemmis aphyllis lateralibus terminalibusque solitariis v. 2-nis, plerumque præcocibus ortis; squamis amenti peltatis, utrinque intus squamula auctis, 3-floris; amentis fœmineis e gemmis lateralibus 3-5-phyllis, solitariis v. rarius in pedunculo communi racemosis; squamis amenti subintegris v. sæpius (ob squamas laterales adnatas) 3-lobis, imbricatis, 2-3-floris, demum sæpius cum fructu deciduis; strobilo oblongo v. ovoideo. (*Orbis utriusq. hemisph. bor. reg. temp. et frigid.*) — *Vid. p.* 217.

2. **Alnus** T. — Flores monœci (fere *Betulæ*); calyce masculo sæpius subæquali- v. inæquali-4-partito, rarius 10-12-phyllo. Stamina sepalorum numero æqualia iisque opposita; antheris 2-locularibus. Gynæ-

ceum, ovula cæteraque *Betulæ*. Fructus sicci compressi apteri v. ala membranacea cincti, indehiscentes; semine plerumque 1 (*Betulæ*). — Arbores v. frutices; foliis alternis; floratione vernali foliis præcociore vel coetanea (*Phyllothyrsus*, *Clethropsis*); amentorum masculorum squamis peltatis, 5-bracteolatis, 1-v. sæpius 3-floris; amentorum fœmineorum squamis cuneiformibus, breviter (ob bracteolas adnatas) 4-5-lobis, superne incrassatis, maturitate invicem secedentibus, nec deciduis, lignescentibus; strobilis brevibus. (*Orbis utriusque reg. temp. et frigid.*, *America austr. temp.*, *Africa austr.*) — *Vid. p.* 220.

II. CORYLEÆ.

3. **Corylus** T. — Flores amentacei monœci; masculi nudi; staminibus 4-8 (rarissime 2, 3), intus squamis amenti insertis; filamentis brevibus liberis; antheris 1-locularibus (v. 2-locularibus; loculis discretis), extrorsum rimosis. Flores fœminei in axillis bractearum amenti gemmiformis 2-ni; receptaculo sacciformi, intus germen inferum adnatum fovente, calyce brevissimo annulari epigyno; styli ramis 2, lineari-elongatis dense stigmatoso-papillosis. Ovula in loculis 2 solitaria (v. rarius 2-na) descendentia; micropyle extrorsum supera. Nuces plus minus lignosæ, 1-loculares; parietibus inferne crassissimis medullosis. Semen plerumque abortu 1; embryonis exalbuminosi crassi cotyledonibus carnosis plano-convexis, germinatione epigæis; radicula brevi supera cotyledonumque basi texta. — Arbusculæ v. frutices; foliis alternis dentatis penninerviis, in vernatione secus nervum centralem longitudinaliter plicatis indeque latere uno axim spectantibus; stipulis caducis; amentis præcocibus; masculorum pendulorum bracteis cuneiformibus, intus plerumque bracteolas 2, interne connatas (nunc 0), foventibus; amentis fœmineis brevibus subsessilibus, demum ramulo foliato elongato stipitatis; fructibus singulis bracteola sacciformi accreta, apice nunc tubuloso aperto dentata, laciniata v. spinescente, necnon rarissime (*Ostryopsis*) squama exteriore accreta, intus fissa, involutis. (*Orb. utriusque hemisph. bor. reg. temp.*) — *Vid. p.* 222.

4. **Carpinus** T. — Flores fere *Coryli;* masculi e staminibus ∞ (3-20) in axilla bractearum amenti insertis constantes; filamentis gracilibus, 2-fidis; loculis antheræ discretis, apice pilosis et extrorsum rimosis.

Flores fœminei in axillis bractearum amenti caducarum 2-ni; gynæceo cæterisque *Coryli*. Nuculæ calycis vestigiis coronatæ sublignosæ plurinerviæ, 1-loculares; semine *Coryli*. — Arbusculæ v. frutices; foliis alternis penninerviis dentatis, in vernatione erga axim concavis, nec longitudinaliter secus costam plicatis; stipulis lateralibus, sæpius caducis; amentis præcocibus lateralibus; masculis gracilibus; fœmineis elongatis ramiformibus terminalibus; bracteolis lateralibus circa fructum axillarem accretis, aut foliiformibus lobatis patulis basive ligula minima intus auctis (*Distegocarpus*), aut rarius (*Ostrya*) conico-tubulosis, post anthesin in conum fere occlusum urenti-setosum fructumque amplectentem evolutis. (*Orb. utriusq. hemisph. bor.*) — *Vid. p.* 224.

III. QUERCINEÆ.

5. **Quercus** T. — Flores monœci v. raro diœci apetali; calyce masculo 3–8-partito v. lobato. Stamina numero æqualia v. 2-3-plo pluria; filamentis gracilibus exsertis, aut centralibus, aut rarius circa gynæcei rudimentum insertis; antheris extrorsis, 2-locularibus, 2-rimosis. Floris fœminei receptaculum valde concavum, intus germen adnatum fovens et calycem superum, 3-8-lobum, margini insertum epigynum, gerens; loculis germinis 2–4, sæpius 3, completis v. superne plerumque incompletis; styli ramis loculorum numero æqualibus, linearibus erectis v. sæpius crassis patentibus, superne stigmatosis. Ovula in loculis 2-na, descendentia; plus minus complete anatropa; micropyle extrorsum supera. Achænium (glans) basi cupula cinctum, apice cicatrice tenui perianthii notatum. Semen fertile 1, seminibus abortivis 5 basi vel plus minus alte cinctum; embryonis exalbuminosi cotyledonibus planoconvexis carnosis, extus lævibus v. undulatis, rarius sinuato-lobatis; radicula supera. — Arbores v. arbusculæ; foliis alternis, nunc persistentibus, penninerviis, in vernatione longitudinaliter plicatis; stipulis lateralibus, fugacibus; gemmis squamosis stipulaceis; amentis erectis v. pendulis, 1-sexualibus v. rarius androgynis; floribus fœmineis inferioribus; bracteis alternis brevibus, 1–3-floris; amentis fœmineis 1-floris v. sæpius paucifloris; floribus fructibusque singulis cupula cinctis extus squamosa, spiraliter v. annulari-zonata, raro subnuda, nunc demum fissa, e glande libera v. basi adnata, exserta v. rarius inclusa. (*Orb. utriusq. hemisph. bor. et reg. trop.*) — *Vid. p.* 227.

6? **Castanea** T. — Flores monœci (fere *Quercus*); calyce masculo sæpius 6-partito; foliolis 2-seriatis. Stamina 6-20, sæpe 2-seriata; filamentis erectis exsertis; antheris extrorsis; loculis brevibus subglobosis rimosis. Flores fœminei intra involucrum sæpius 1-3; receptaculo lageniformi, intus germen adnatum fovente; loculis 3 (*Castanopsis*) v. 4-6, plus minus completis; styli ramis totidem simplicibus, basi lobis calycis superi plerumque totidem cinctis. Ovula in loculis singulis 2, descendentia cæteraque *Quercus*. Fructus sicci, inclusi in involucro subgloboso, extus squamis aculeisque forma variis v. tuberculis subconicis cristato echinatove, demum clauso v. 2-4-partito, 1-3. Semen in singulis 1, descendens; embryonis exalbuminosi cotyledonibus carnosis farinosis, plano-convexis v. extus undulato-ruminatis; radicula supera. — Arbores; foliis alternis, integris v. dentatis penninerviis; stipulis lateralibus fugacibus; amentis masculis in axillis sæpius inferioribus ortis, gracilibus, caducis; androgynis fœmineisve in axillis superioribus v. terminalibus; cæteris *Quercus*. (*Orb. utriusq. reg. temp. et calid.*) — *Vid. p.* 230.

7. **Fagus** T. — Flores monœci; masculi solitarii v. subcapitati. Calyx gamophyllus subcampanulatus, 4-8-lobus. Stamina calycis lobis numero æqualia v. 2-plo pluria; filamentis fundo calycis insertis, gracilibus exsertis; antheris oblongis extrorsis, 2-rimosis; connectivo apice obtuso v. mucronato. Flores fœminei intra involucrum 1-3; receptaculo valde concavo lageniformi-3-gono; loculis 3, 2-ovulatis; styli ramis 3, brevibus v. elongatis, glabris v. dorso pilosis, basi lobis 6 calycis epigyni cinctis. Ovula in loculis 2, collateraliter descendentia; micropyle extrorsum supera. Fructus in involucro communi accreto lignoso, 4-partito basique bracteato, extus squamis v. aculeis fimbriatis vestito, inclusi, sicci indehiscentes, alato-3-goni. Semen fertile 1, descendens, superne seminibus sterilibus minimis 3-5 auctum; embryonis exalbuminosi cotyledonibus carnosis crassiusculis, integris v. adpresso-plicatis, in germinatione epigæis expansis foliaceis; radicula brevi supera. — Arbores v. frutices; foliis alternis penninerviis, in vernatione convexis secusque nervos plicatis v. non plicatis (*Nothofagus*), persistentibus v. deciduis; stipulis lateralibus fugacibus; floribus masculis ex axillis foliorum inferiorum; fœmineis e superiorum ortis sessilibus v. stipitatis. (*Orb. utriusq. hemisph. utriusq. reg. temp.*) — *Vid. p.* 234.

IV? BALANOPSEÆ.

8. **Balanops** H. Bn[1]. — Flores diœci; masculi nudi, e staminibus ∞, (plerumque 3–10), in receptaculo minimo convexo subumbellatis constantes; filamentis brevibus erectis, ima basi nunc connatis; antheris introrsis, 2–rimosis. Flores fœminei solitarii; receptaculo brevi, nunc subcupulari; perianthii (?) foliolis ∞, crassis inæqualibus, ab exterioribus ad interiora majoribus, imbricatis. Germen liberum, basi repente attenuatum, apice angustatum in stylum 2–partitum; ramis lineari-subulatis papillosis, 2-fidis; loculis germinis 2, valde incompletis. Ovula in singulis 2-na, dissepimento placentiformi inserta, adscendentia; micropyle extrorsum supera; funiculis gracilibus inæqualibus erectis, apice in obturatorem micropylen obtegentem dilatatis. Fructus calyce (?) persistente cupuliformique basi cinctus, ovoideus acuminatus subbaccatus; mesocarpio plus minus pulposo; endocarpio demum subcomplete septato. Semina in loculis solitaria suberecta; integumento glabro; embryonis parce albuminosi recti cotyledonibus ovatis, foliaceis v. crassiusculis; radicula brevi infera. — Arbores v. arbusculæ; foliis alternis v. spurie verticillatis confertis, coriaceis penninerviis exstipulatis; amentis masculis solitariis v. paucis fasciculatis e ligno ramorum ortis, e gemma perulata erumpentibus, gracilibus floribusque remote alternis 1–bracteolatis onustis; floribus fœmineis sæpe crebris in ligno sessilibus. (*N.-Caledonia.*) — *Vid. p.* 237.

V? LEITNERIEÆ.

9. **Leitneria** Chapm. — Flores diœci amentacei; masculi constantes e staminibus 5-10, in axilla squamarum amenti insertis et cum ejus basi plus minus alte connatis; filamentis liberis; antheris introrsis, 2-rimosis. Flores fœminei in axilla bractearum solitarii, aut nudi, aut calyce minuto et inæquali–3–4-lobo muniti, lateraliter bracteolati (et nunc staminibus paucis aucti); germine libero, 1–loculari, in stylum elongatum recurvum intusque stigmatosum sulcatumque attenuato. Ovulum 1, angulo interno insertum descendens, incomplete anatropum; micropyle extrorsum supera. Fructus drupaceus oblongus; carne parca; putamine 1-spermo. Semen descendens; embryonis parce albuminosi cotyledonibus planiusculis carnosulis; radicula supera. — Arbor parva; foliis alternis

petiolatis penninerviis; stipulis lateralibus; amentis axillaribus; floratione ante folia evoluta præcoci. (*Florida.*) — *Vid. p.* 239.

10? **Didymeles** Dup.-Th. — Flores diœci amentacei; bracteolis v. sepalis (?) extus muniti; masculi 2-andri; filamentis brevibus erectis; antheris ovatis extrorsis, 2-rimosis. Carpella 2, opposita libera; singulorum germine 1-loculari, superne attenuato in stylum longe recurvum revolutumque, intus longitudinaliter sulcatum denseque plumoso-papillosum. Ovulum 1, descendens; micropyle extrorsum supera; exostomio in tubum apice dilatatum longe producto. Fructus e drupis (?) 2, intus sulcatis, constans; semine descendente; embryonis exalbuminosi cotyledonibus crassis carnosis plano-convexis; radicula supera. — Arbor (?); foliis alternis petiolatis integris penninerviis coriaceis; amentis axillaribus et (?) terminalibus. (*Madagascaria.*) — *Vid. p.* 241.

VI? MYRICEÆ.

11. **Myrica** L. — Flores diœci v. rarius monœci amentacei; masculi constantes e staminibus 2–20, in axillis bractearum singularum sessilibus v. spicatis, nudis v. bracteolis 2-∞ cinctis; filamentis liberis v. ima basi connatis; antheris extrorsis, 2-rimosis. Flores fœminei in axillis squamarum amenti sessiles, basi nudi v. bracteolis 2 paucisve sterilibus rarove fertilibus (florem abortivum gemmiformem in axilla gerentibus) muniti. Germen liberum, 1-loculare; styli ramis 2 (antico posticoque), intus papilloso-plumosis; ovulo 1, basilari v. subbasilari orthotropo; micropyle supera. Fructus drupaceus; exocarpio rugoso papilloso materiemque ceream exsudante; putamine plus minus duro, 1-spermo. Semen erectum; embryonis recti exalbuminosi v. parcissime albuminosi cotyledonibus crassis; radicula supera. — Arbusculæ, frutices v. suffrutices, sæpe odorati; foliis alternis, rarissime (*Comptonia*) stipulatis, penninerviis, integris v. dentatis serratisve; amentis axillaribus plerumque ex innovatione nascentibus, simplicibus v. compositis, aut 1-sexualibus, aut androgynis; floribus fœmineis superioribus; masculis inferioribus. (*Orbis tot. reg. temp. et calid.*) — *Vid. p.* 241.

LII

COMBRÉTACÉES

I. SÉRIE DES CHIGOMIERS.

Les fleurs des Chigomiers [1] (fig. 226-228) sont hermaphrodites ou polygames-dioïques. Dans certaines espèces, elles sont pentamères,

Combretum (Poivrea) coccineum.

Fig. 226. Fleur ($\frac{4}{1}$).

Fig. 227. Diagramme.

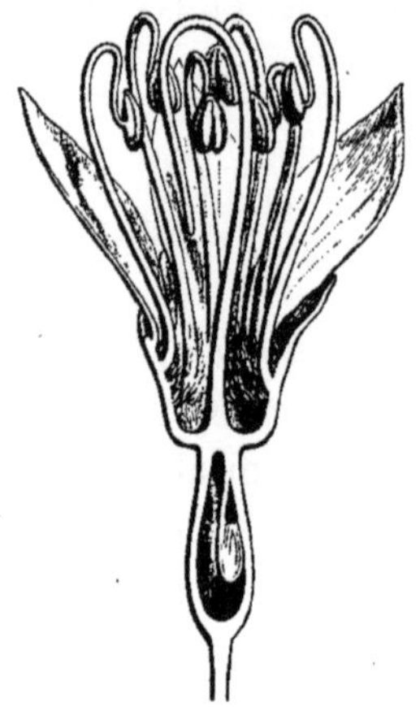

Fig. 228. Fleur, coupe longitudinale.

notamment dans celles dont on a fait les genres *Poivrea* [2] et *Cacoucia* [3]. Leur réceptacle a la forme d'un sac très-profond, étroit et allongé [4],

1. *Combretum* LŒFL., *Ic.*, 308. — L., *Gen.*, n. 475. — GÆRTN., *Fruct.*, I, 176, t. 36. — LAMK, *Dict.*, I, 734; Suppl., II, 229; *Ill.*, t. 282. — DC., *Prodr.*, III, 18; *Mém. Combret.*, t. 5. — TURP., in *Dict. sc. nat.*, Atl., t. 221. — SPACH, *Suit. à Buffon*, IV, 308. — ENDL., *Gen.*, n. 6087. — PAYER, *Fam. nat.*, 96. — *Aetia* ADANS., *Fam. des pl.*, II, 84. — *Forsgardia* VELLOZ., *Fl. flum.*, 152; IV, t. 13. — *Chrysostachys* POHL, *Pl. bras.*, II, 65, t. 143. — *Embryogonia* BL., *Mus. lugd.-bat.*, II, 122. — *Sheadendron* BERTOL., *Ill. plant. mozamb.*, in *Mém. Acad. Bologn.* (1850), 12, t. 4. — KL., in *Pet. Moss.*, *Bot.*, 74, t. 14. — CAR., in *Journ. Linn. Soc.*, IV, 167. — *Calopyxis* TUL., in *Ann. sc. nat.*, sér. 4, VI, 86. — *Bureava* H. BN, in *Adansonia*, I, 71 (ex M. ARG., in *DC. Prodr.*, XV, p. II, 1258.

2. COMMERS., ex DUP.-TH., *Obs plant. Afr. austr.*, 28. — DC., *Mém.*, t. 4; *Prodr.*, III, 17. — *Pevræa* COMMERS., ex J., *Gen.*, 230. — *Gonocarpus* HAM., *Prodr. Fl. Ind. occ.*, 39.

3. AUBL., *Guian.*, I, 450. — J., *Gen.*, 300. — LAMK, *Ill.*, t. 359. — DC., *Prodr.*, III, 22 (part.). — SPACH, *loc. cit.*, 315. — ENDL., *Gen.*, n. 6088. — B. H., *Gen.*, 688. — *Hambergera* SCOP., *Introd.*, n. 276. — *Hambergia* NECK., *Elem.*, n. 830. — *Schousbœa* W., *Spec.*, 578 (nec SCHUM. et THÖNN.).

4. Souvent à 4-6 angles saillants.

insensiblement atténué vers la partie supérieure, et là se dilatant brusquement en une sorte de coupe hémisphérique que tapissent une couche glanduleuse ou de nombreux poils, dans une étendue variable de sa surface intérieure, et dont les bords portent les sépales, valvaires à l'âge adulte [1]. Dans leurs intervalles s'insèrent des pétales en pareil nombre, de dimensions très-variables, parfois larges et tordus ou plus rarement imbriqués, ailleurs très-étroits ; quelquefois enfin ils font totalement défaut [2]. Les étamines sont en nombre double de celui des pétales et disposées sur deux verticilles. Cinq d'entre elles sont superposées aux pétales et insérées sur la face interne du réceptacle plus haut que celles qui sont alternes. Toutes ont un filet libre, subulé, allongé, exsert, qui d'abord est replié sur lui-même, de manière que son sommet se dirige de haut en bas pour aller s'attacher au dos de l'anthère introrse, biloculaire, déhiscente par deux fentes longitudinales. Il se redresse lors de l'anthèse. Dans les fleurs femelles ou hermaphrodites, la cavité réceptaculaire, au-dessous du point où elle se dilate en coupe, est entièrement remplie par l'ovaire adné que surmonte un style subulé, à sommet stigmatifère non renflé et indivis. Dans la cavité unique de l'ovaire se trouvent deux ou trois placentas pariétaux, souvent peu distincts à l'âge adulte et du haut de chacun desquels pendent un ou deux ovules, d'abord latéraux [4], attachés par un funicule plus ou moins long et grêle, anatropes et dirigeant leur micropyle en haut et en dehors [5]. Le fruit, surmonté d'une cicatrice produite par la séparation précoce de la portion dilatée du réceptacle, est allongé, coriace, membraneux ou presque spongieux, généralement indéhiscent [6], chargé de quatre à six saillies verticales en forme d'angles dièdres, mousses ou aigus, parfois dilatés en ailes verticales, coriaces ou membraneuses. L'étroite cavité centrale du péricarpe contient une seule graine descendante, étroite et allongée, souvent parcourue de sillons longitudinaux et dont les téguments recouvrent un embryon charnu, dépourvu d'albumen, à radicule supère, à cotylédons plan-convexes, anguleux, ou plissés, contortupliqués, plus rarement convolutés. Dans les *Cacoucia* [7], le tube réceptaculaire est souvent un peu arqué ou gibbeux d'un

1. Souvent légèrement imbriqués au début.

2. Notamment dans les *Calopyxis* et *Thiloa*.

3. Le pollen est, dans les Combrétées en général, ovoïde avec trois ou six piis, et, sous l'influence de l'eau, sphérique, avec trois ou six bandes portant chacune une ou plusieurs papilles. (H. MOHL, in *Ann. sc. nat.*, sér. 2, III, 332.)

4. Leur point d'attache sur la cloison semble tout à fait apiculaire à l'âge adulte, mais ce n'est là qu'une illusion.

5. Leur tégument est double.

6. Il s'ouvre tardivement en quatre panneaux dans le *Sheadendron* BERTOL., en cinq dans quelques autres espèces africaines.

7. Ils ont été distingués comme genre, surtout à cause de leur fruit, qui est décrit comme

côté, et les étamines sont plus nettement incurvées dans le bouton. Leur androcée est diplostémoné ou quelquefois formé d'un nombre d'étamines un peu supérieur à dix ; fait qui s'observe aussi çà et là dans les *Combretum* proprement dits. Il y a au contraire appauvrissement

Quisqualis indica.

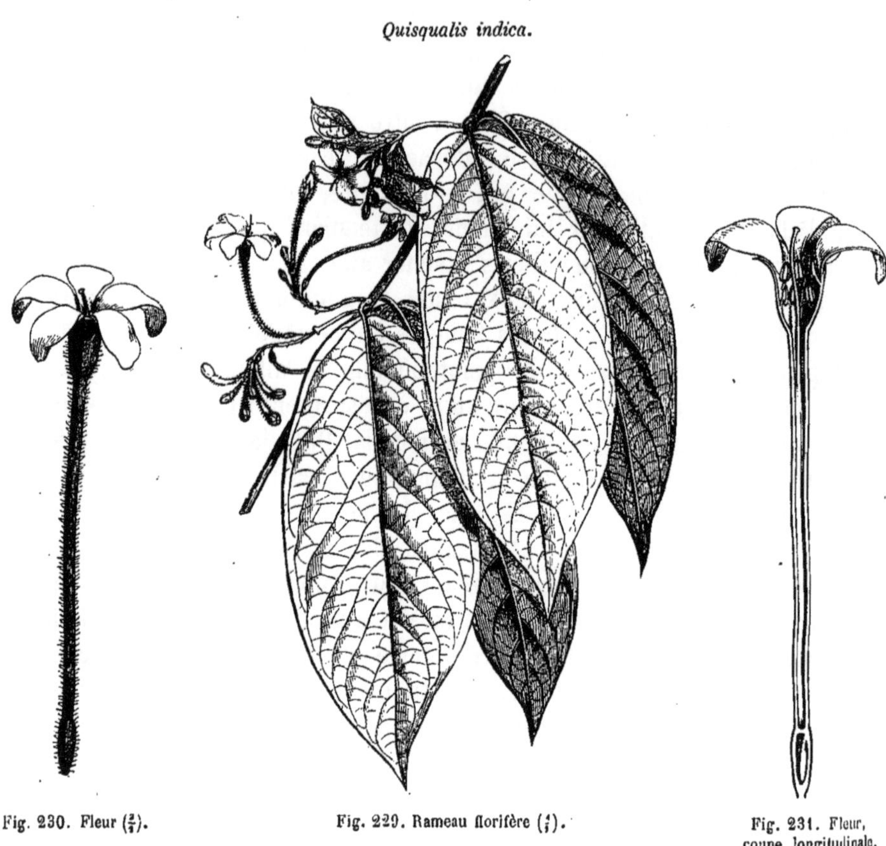

Fig. 230. Fleur ($\frac{2}{1}$).

Fig. 229. Rameau florifère ($\frac{1}{1}$).

Fig. 231. Fleur, coupe longitudinale.

de l'androcée dans les *Thiloa*[1], dont la fleur, apétale et tétramère, a parfois huit étamines; quatre d'entre elles peuvent manquer ou demeurer stériles. Toutes ces plantes ne nous paraissent cependant pas séparables du genre *Combretum*, qui, ainsi conçu, renferme environ cent trente espèces[2], ordinairement frutescentes, assez fréquemment sarmenteuses et grimpantes, à feuilles opposées, rarement verticillées ou

charnu. Cependant il est finalement tout à fait sec, à cinq angles, comme celui de tant d'autres *Combretum*, et il présente même profondément des lignes de déhiscence incomplètes.

1. Eichl., in *Regensb. Flora* (1866), n. 10; in *Mart. Fl. bras., Combret.*, 103, t. 27.

2. H. B., *Pl. æquin.*, t. 132. — H. B. K., *Nov. gen. et spec.*, VII, 138. — A. S. H., *Fl.*

alternes, pétiolées, entières, à fleurs disposées en épis simples ou plus ou moins ramifiés, de forme et de longueur très-variables[1], et pourvus de bractées plus ou moins développées. Ils appartiennent aux régions chaudes de l'Asie, de l'Afrique et de l'Amérique du Sud.

Les *Quisqualis* (fig. 229-234), arbustes grimpants de l'Asie et de l'Afrique tropicales, ont tous les caractères des Chigomiers, sinon que leur poche réceptaculaire, après avoir enveloppé l'ovaire, se prolonge au-dessus de lui en un long tube que parcourt le style, adhérant d'un côté à sa paroi; après quoi elle se dilate en une coupe qui porte dix étamines à filets courts et dressés à l'âge adulte, et plus haut, cinq sépales valvaires et cinq pétales imbriqués ou tordus. Le fruit est sec et renferme une seule graine dont l'embryon a deux cotylédons charnus, arrondis ou cannelés en dehors. Les jolies fleurs des *Quisqualis* sont réunies en épis courts et capituliformes, plus rarement en grappes axillaires et terminales.

Quisqualis indica.

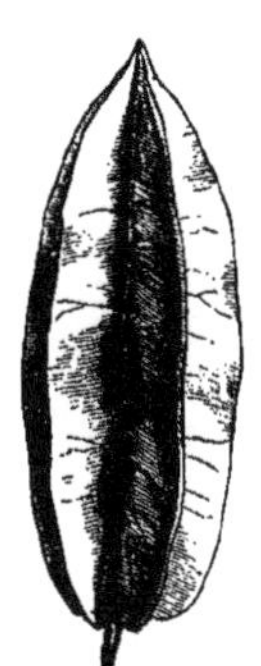

Fig. 232. Fruit.

Fig. 234. Graine.

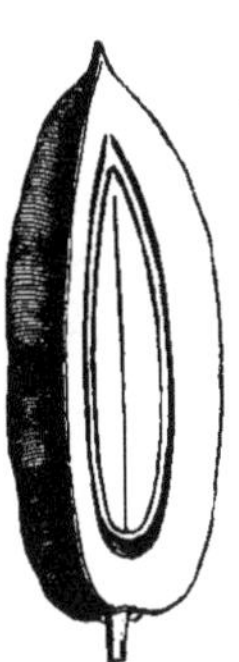

Fig. 233. Fruit, coupe longitudinale.

Dans les *Lumnitzera*, arbres et arbustes à feuilles alternes et coriaces, qui croissent sur les bords de toutes les mers tropicales de l'ancien monde, les fleurs sont hermaphrodites et fort analogues aussi à celles des Chigomiers. Leur long réceptacle, enveloppant l'ovaire, se dilate au-dessus de celui-ci en une coupe campanulée dont les bords portent cinq sépales légèrement imbriqués, persistants, et cinq pétales tordus ou imbriqués. Sa face intérieure est tapissée d'un disque glanduleux, présentant supérieurement dix échancrures au fond desquelles s'insèrent des étamines à filets légèrement incurvés au sommet et à anthères cordées et introrses. Leurs ovules, dont le nombre varie de deux à cinq, sont suspendus après un long funicule; et leur fruit ligneux, allongé,

Bras. mer., II, 246, t. 129, 130. — HOOK., *Icon.*, t. 592; *Bot. Mag.*, t. 2944. — GUILLEM. et PERR., *Fl. Sen. Tent.*, I, t. 66, fig. 1 (*Poivrea*), 67, 68. — BENTH., *Niger*, 337 (*Poivrea*). — HARV., *Thes. cap.*, t. 74, 75. — SOND., *Fl. cap.*, II, 508, 512 (*Poivrea*). — TUL., in *Ann. sc. nat.*, sér. 4, VI, 76 (*Pœvrea*), 83 (*Combretum*). — LAWS., *Fl. trop. Afr.*, II, 419, 433 (*Cacoucia*). — EICHL., in *Mart. Fl. bras.*, *Combret.*, 106, 120 (*Cacoucia*), t. 27-32, 34. — *Bot. Reg.*, t. 429, 1165, 1631. — WALP., *Rep.*, II, 65, 68 (*Cacoucia*); V, 662; *Ann.*, I, 290; II, 525; IV, 673.

1. Celles des *Cacoucia* sont très-longues

portant sur ses bords les traces des deux bractéoles latérales de la fleur, soulevées sur les côtés du réceptacle, contient une graine linéaire dont l'embryon a les cotylédons convolutés. Le *Laguncularia racemosa*, arbuste qui habite, comme les *Lumnitzera*, les eaux saumâtres du littoral, aussi bien dans l'Afrique occidentale que dans l'Amérique tropicale, a des feuilles opposées et des épis de fleurs polygames dont l'ovaire infère et obconique porte aussi sur ses bords les bractéoles latérales soulevées, à peu près à la hauteur du calice persistant et des cinq pétales imbriqués. Les étamines sont aussi au nombre de dix, avec des filets courts et des anthères cordées, et elles s'insèrent au niveau d'un disque épigyne qui couronne l'ovaire et encadre la base d'un style court, à sommet stigmatifère bilobé. Dans la cavité ovarienne se trouve un placenta presque apical d'où pendent deux ovules sessiles. Le fruit, sec et coriace, obpyramidal et comprimé de dehors en dedans, renferme une seule graine dont l'embryon a aussi les cotylédons convolutés. Les *Macropteranthes*, arbustes australiens, doivent leur nom à la présence, sur les côtés de leur ovaire infère et de leur fruit, de deux grandes bractéoles latérales soulevées et aplaties de dehors en dedans, en forme d'ailes. Leur fleur est d'ailleurs celle du *Laguncularia*, sinon que le réceptacle s'étrangle beaucoup moins au-dessus de l'ovaire et que celui-ci contient de dix à seize ovules suspendus après des funicules grêles et de longueurs très-inégales. Les feuilles sont opposées ou fasciculées; et les fleurs sont géminées sur des pédoncules axillaires.

Le *Guiera* et le *Calycopteris*, arbustes à feuilles opposées et duveteuses, l'un de l'Afrique tropicale, l'autre de l'Inde, ont des fleurs pentamères, construites à peu près comme celles des *Combretum*. Dans le premier de ces genres, elles sont rapprochées les unes des autres en une sorte de capitule qu'enveloppent d'abord quatre grandes bractées foliacées décussées et formant involucre. Dans le second, elles sont disposées en grandes grappes ramifiées. Mais le *Guiera* a de longs pétales étirés qui s'insèrent dans les sinus de cinq sépales persistants, mais non accrus, au sommet d'un long fruit siliquiforme, arqué, très-villeux; tandis que le *Calycopteris* n'a pas de pétales, et que son fruit, court et pentagone, est surmonté des sépales accrescents en cinq lames membraneuses et veinées. Dans l'un et l'autre de ces genres, l'embryon a des cotylédons convolutés.

Les Badamiers (*Terminalia*) ont donné leur nom à une tribu particulière de cette famille (*Terminaliées*), dont les principaux caractères étaient, pensait-on, des feuilles alternes, des fleurs apétales et un embryon à cotylédons convolutés. Outre les *Terminalia* (fig. 235-240), elle comprenait bien d'autres genres, notamment les *Anogeissus*, *Buchenavia*, *Bucida*, *Chuncoa*, *Conocarpus*, *Pentaptera*, *Ramatuella*, que nous ne pouvons en séparer qu'à titre de sous-genres. Les *Terminalia*

Terminalia mauritiana.

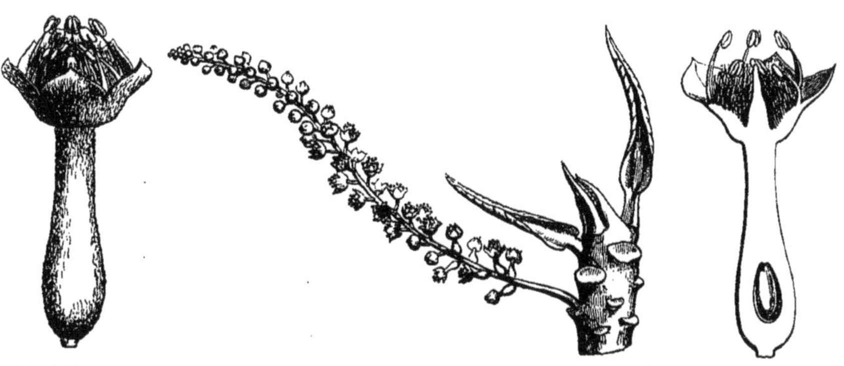

Fig. 236. Fleur ($\frac{1}{1}$). Fig. 235. Rameau florifère. Fig. 237. Fleur, coupe longitudinale.

proprement dits ont des fleurs hermaphrodites, polygames ou dioïques, dont le réceptacle étroit, après avoir enveloppé l'ovaire, se dilate immédiatement en une coupe semblable à celle des *Combretum*, et qui porte quatre ou cinq sépales valvaires, deux séries d'étamines insérées autour de la base du style, ordinairement entourée d'un disque épigyne, annulaire ou lobé, velu. Dans l'ovaire uniloculaire se trouvent deux ou trois ovules descendants et semblables à ceux des *Laguncularia*. Le fruit, que ne couronne pas d'ordinaire le calice caduc, est très-variable de taille, de consistance et de forme. Dans les *Badamia*, les *Myrobalanus* et les *Pamœa*, il est ovoïde, avec un noyau arrondi ou anguleux. Dans les *Catappa* et les *Anogeissus*, il est comprimé ou dilaté en deux ailes marginales (fig. 238, 239). Dans les *Chuncoa*, espèces dont les feuilles sont fréquemment opposées et pourvues de deux glandes à la base de la face inférieure, il est petit, coriace et prolongé en 2-5 ailes membraneuses et élargies. Dans les *Pentaptera*, dont les feuilles ont ordinairement les mêmes caractères, le noyau est osseux ou ligneux, et les ailes sont au

Terminalia (Anogeissus) leiocarpa.

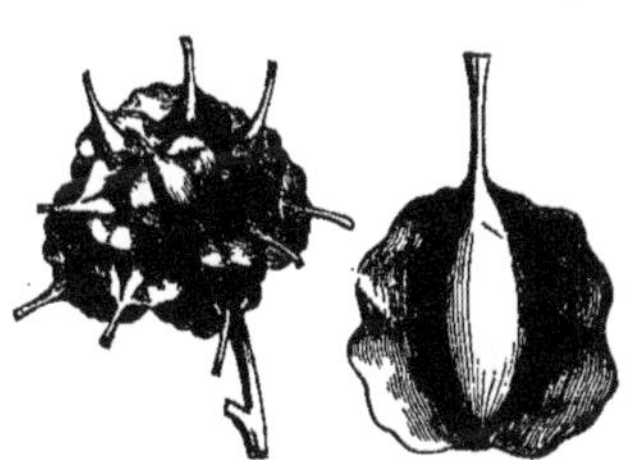

Fig. 238 Capitule de fruits. Fig. 239. Fruit isolé ($\frac{1}{1}$).

nombre de 5-7. Les *Ramatuella*, espèces du Venezuela, ont à leur fruit, à peine charnu, de trois à six ailes verticales, épaisses, entières, sinueuses ou lobées sur les bords. De plus, leurs fleurs sont réunies en capitules, c'est-à-dire que l'axe principal de leur inflorescence demeure des plus courts, comme il arrive souvent dans les véritables *Terminalia*, quoique ces derniers aient fréquemment aussi des fleurs en épis allongés, simples ou composés (fig. 235). Les fleurs des *Anogeissus* sont aussi en capitules. C'est pourquoi nous n'avons pu, à aucun titre, conserver en dehors du genre Badamier les *Conocarpus* (fig. 240), qui ont les mêmes fleurs apétales, pentamères, que les *Terminalia*, mais dont les inflorescences deviennent de petits capitules globuleux et réunis en grappes. Dans les *Conocarpus*, les fruits sont finalement entourés en dehors par les bractées persistantes et recourbées qui demeurent exactement rapprochées les unes des autres; de façon que l'ensemble forme une sorte de cône. Ainsi limité, ce genre renferme près de cent espèces, toutes tropicales, communes dans quatre des parties du monde et principalement dans l'ancien.

Terminalia (Conocarpus) erecta.

Fig. 240. Rameau florifère.

II? SÉRIE DES TUPÉLOS.

Les Tupélos [1] (fig. 241-244) ont des fleurs polygames-dioïques. Dans leur fleur mâle, le sommet du pédicelle se dilate en un petit calice à cinq ou à un plus grand nombre de dents courtes, surmonté d'un disque

1. *Nyssa* GRONOV., *Virg.*, 162. — L., *Gen.*, n. 1163. — J., *Gen.*, 75. — LAMK, *Ill.*, t. 851. — POIR., *Dict.*, IV, 508; Suppl., IV, 115. — GÆRTN. F., *Fruct.*, III, 201, t. 216. — SPACH, *Suit. à Buffon*, X, 463. — ENDL., *Gen.*, n. 2086. — LINDL., *Veg. Kingd.*, 720. — A. DC., *Prodr.*, XIV, 622. — H. BN, in *Adansonia*, V, 196. — B. H., *Gen.*, 952, n. 11. — *Tupelo* CATESB. (ex ADANS., *Fam. des pl.*, II, 80). — *Cynoxylon* PLUK. (ex ADANS., *loc. cit.*).

orbiculaire épais, glanduleux, à bords entiers et crénelés, tantôt lisse et nu sur la face supérieure, et tantôt supportant un rudiment central et conique de gynécée. En dehors de ce disque s'insèrent des pétales caducs, en même nombre que les dents du calice, avec lesquelles ils alternent, et un nombre égal, ou double, triple ou quadruple d'étamines, disposées par verticilles et formées chacune d'un filet grêle, libre, exsert, et d'une anthère courte, biloculaire, introrse, déhiscente par deux fentes longitudinales. Dans les fleurs hermaphrodites, le périanthe et l'androcée sont les mêmes; mais le réceptacle se déprime profondément en une cavité obconique ou tubuleuse qui renferme un ovaire infère et uniloculaire[1], surmonté d'un style simple ou rarement bifurqué, arqué ou révoluté, dont le bord interne est parcouru par un sillon longitudinal à lèvres chargées de papilles stigmatiques. Dans les fleurs femelles, les étamines disparaissent ou sont portées, en petit nombre et stériles, au-dessus de l'ovaire, par les bords du réceptacle. Dans l'angle interne de la loge ovarienne s'insère tout près du sommet un ovule descendant, anatrope, à micropyle extérieur et supérieur[2]. Le fruit est une drupe oblongue, couronnée d'une cicatrice, à noyau épais et dur, comprimé ou cylindrique, renfermant une graine dont les téguments membraneux recouvrent un albumen charnu qui enveloppe un embryon à cotylédons foliacés, presque égaux en largeur à l'albumen et surmontés d'une courte racine cylindrique. Les Tupélos sont des arbres ou des arbustes assez souvent chargés d'un duvet soyeux, et qui croissent, au nombre d'une demi-douzaine d'espèces[3], dans les portions méridionales de l'Amérique du Nord, dans l'Asie montagneuse tempérée et

Nyssa biflora.

Fig. 241. Rameau florifère mâle.

1. De temps à autre on rencontre des fleurs à deux carpelles, avec un ovaire à deux loges complètes ou incomplètes et uniovulées.

2. A double enveloppe.

3. MICHX, *Arbr. for.*, t. 18-22. — A. GRAY, *Man.*, ed. 5, 201. — CHAPM., *Fl. S. Unit. St.*, 168. Pour le nombre réel des espèces à conserver, voyez p. 276, note 7.

dans les îles de la Malaisie[1]. Leurs feuilles sont entières, largement dentées ou sublobées, alternes, pétiolées, sans stipules. Leurs fleurs forment, au sommet d'un pédoncule commun, une sorte de capitule ou d'épi

Nyssa biflora.

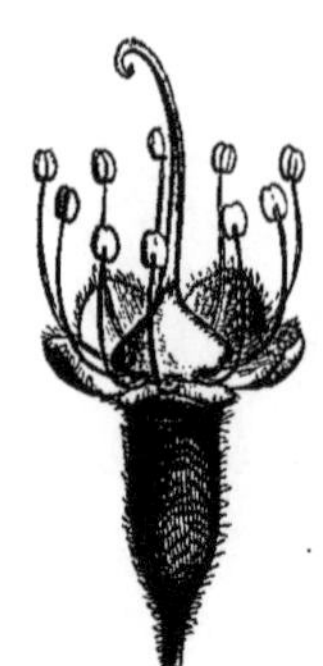

Fig. 243. Fleur hermaphrodite ($\frac{4}{1}$).

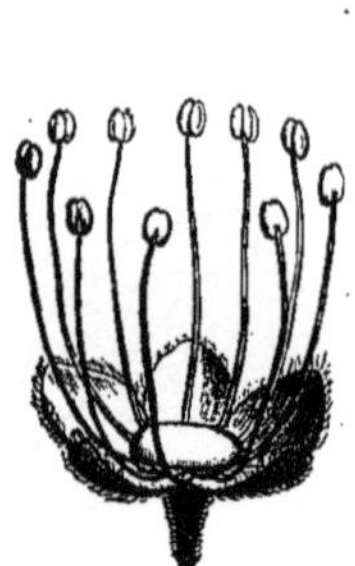

Fig. 242. Fleur mâle ($\frac{4}{1}$).

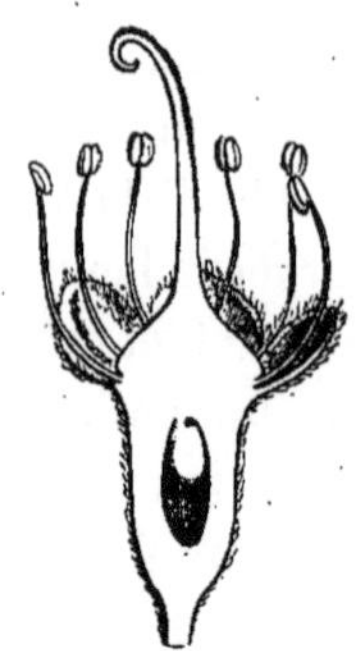

Fig. 244. Fleur hermaphrodite, coupe longitudinale.

court dans lequel elles sont disposées en petits groupes (probablement des glomérules), accompagnés de bractées et de bractéoles latérales formant parfois comme de petits involucres. Les femelles, moins nombreuses au sommet du pédoncule commun, peuvent même être solitaires[2].

III? SÉRIE DES ALANGIERS.

Les fleurs des *Alangium*[3] (fig. 245-252) sont régulières et hermaphrodites. Leur réceptacle concave, comme celui des *Combretum* ou

1. Suivant MM. BENTHAM et HOOKER, le *N. sessiliflora* HOOK. F. et THOMS., espèce de l'Himalaya, est fort analogue au *Ceratostachys* (BL., *Bijdr.*, 644; — MIQ., *Fl. ind.-bat.*, I, p. I, 839), plante javanaise, elle-même probablement identique avec l'*Agathisanthes* (BL., *loc. cit.*; — MIQ., *loc. cit.*, 838). Le g. *Camptotheca*, du Tibet, semble très-voisin des types précédents et s'en distingue principalement par sa corolle valvaire (elle est imbriquée dans le *Ceratostachys*) et par ses anthères à quatre logettes, pendantes d'une dilatation du connectif et s'ouvrant irrégulièrement du côté du filet.

2. C'est encore ici que nous placerons provisoirement le *Davidia*, bel arbre du Tibet, dont malheureusement les échantillons authentiques ont, depuis quelque temps, disparu de l'herbier du Muséum, ce qui nous empêche d'en donner une figure, et dont les fleurs sont réunies en capitules 1- ou 2-sexués. Les fleurs mâles sont représentées simplement par des étamines, libres sur la surface du réceptacle globuleux. La fleur femelle qui, lorsqu'elle existe, occupe, non pas le sommet, mais le côté de la portion supérieure du réceptacle, se compose d'un ovaire infère, à nombreuses loges uniovulées, surmonté d'un calice épigyne en dedans duquel peuvent se trouver de courtes étamines à anthère fertile ou stérile. Les ovules sont, dans chaque loge, solitaires et descendants, avec le micropyle extérieur. Le *D. involucrata* a des feuilles alternes et deux grandes bractées foliiformes, de couleur blanche, au-dessous des inflorescences.

3. LAMK, *Dict.*, I, 174; Suppl., I, 366. — CORREA, in *Ann. Mus.*, X, 161. — DC., *Prodr.*, III, 203. — SPACH, *Suit. à Buffon*, XIII, 260. — ENDL., *Gen.*, n. 6096. — H. BN, in *Adansonia*, V, 193. — B. H., *Gen.*, 949, n. 1. — *Angolam* ADANS., *Fam. des pl.*, II, 85. — *Angolamia* SCOP., *Introd.*, n. 280.

des *Nyssa*, renferme l'ovaire infère et est couronné d'un disque épigyne autour duquel s'insèrent le calice, la corolle et l'androcée. Le calice, court et supère, a de quatre à dix dents avec lesquelles alternent un même nombre de pétales valvaires, étroits, allongés, finalement réfléchis ou révolutés. Les étamines épigynes sont en même nombre

Alangium decapetalum.

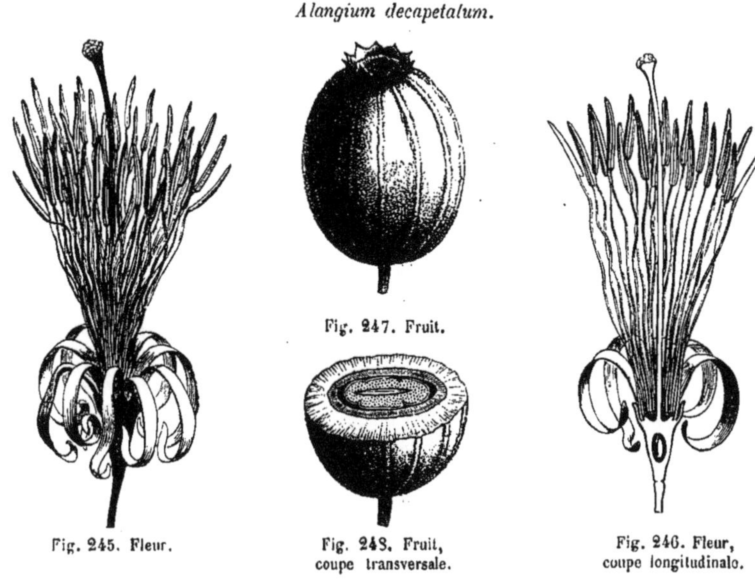

Fig. 247. Fruit.

Fig. 245. Fleur.

Fig. 248. Fruit, coupe transversale.

Fig. 246. Fleur, coupe longitudinale.

que les pétales, avec lesquels elles alternent, ou en nombre double, triple ou quadruple (fig. 245, 246); elles sont formées chacune d'un filet libre, glabre ou velu, et d'une anthère biloculaire, introrse, déhiscente par deux fentes longitudinales[1]. L'ovaire, enchâssé dans la cavité du réceptacle et, par conséquent, infère, est uniloculaire dans les véritables *Alangium*, et il renferme, inséré un peu au-dessous du sommet, un ovule descendant, anatrope, à micropyle primitivement supérieur et extérieur, plus tard latéral, par suite d'une légère torsion[2]. Le style, qui se dégage du centre du disque épigyne, est renflé à son sommet stigmatifère, presque entier ou partagé en un nombre très-variable de petits lobes. Le fruit est une drupe, couronnée du calice persistant et dont le noyau, souvent peu épais, renferme une graine dont les téguments recouvrent un albumen charnu, lisse ou ruminé en dehors, enveloppant un embryon axile, à radicule supère, cylindrique, à larges cotylédons foliacés, plans ou plus ou moins contortupliqués. Il y a des

1. Elles sont quelquefois presque marginales.

2. Il a double enveloppe.

Alangium qui, avec un ovaire uniloculaire, ont un nombre d'étamines double de celui des pétales; nous les avons nommés *Diplalangium* [1]; et d'autres où, avec un androcée isostémoné, il y a de même une seule loge : ce sont nos *Marleopsis* [2], c'est-à-dire des espèces qui se rapprochent beaucoup des *Marlea* [3] (fig. 249-252), dont on a fait jusqu'ici un

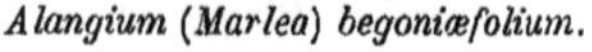

Alangium (Marlea) begoniæfolium.

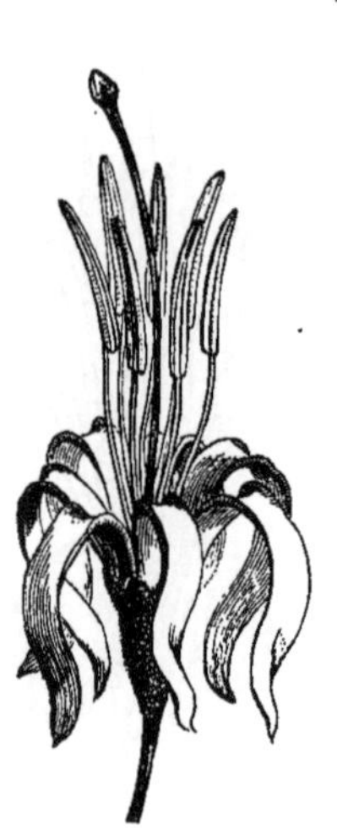

Fig. 249. Fleur (4/1).

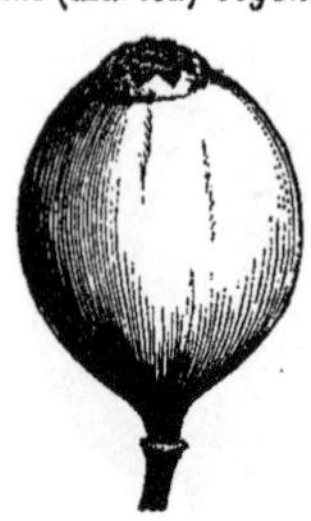

Fig. 251. Fruit.

Fig. 252. Fruit, coupe transversale.

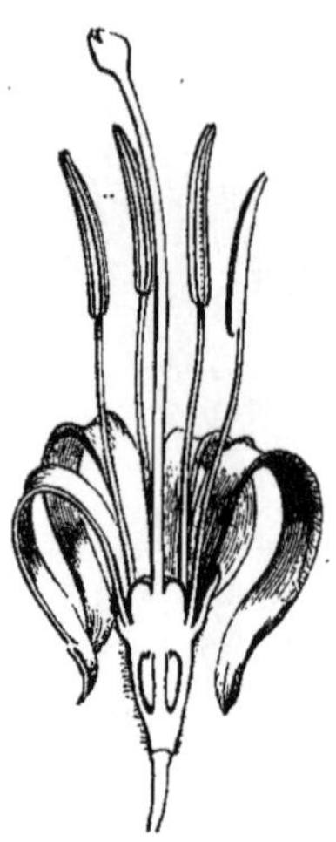

Fig. 250. Fleur, coupe longitudinale.

genre distinct, mais dont nous ferons plus qu'une section dans le genre *Alangium*. L'androcée y est constamment isostémoné, mais les loges de l'ovaire y sont au nombre de deux. Il en résulte que, dans le fruit drupacé, le noyau est creusé de deux loges. L'une d'elles est ordinairement étroite et stérile. La graine que renferme l'autre a constamment l'albumen lisse en dehors et les cotylédons plans. Ainsi conçu [4], ce genre comprend une quinzaine d'espèces [5] qui habitent les régions tropicales de l'Afrique, de l'Asie et de l'Océanie. Ce sont des arbres ou des

1. *Adansonia*, V, 195.

2. Il en est souvent de même dans les *Rhytidandra* (A. GRAY, in *Unit. St. expl. Exp.*, *Bot.*, I, 303, t. 28 ; — *Pseudalangium* F. MUELL., *Fragm.*, II, 84).

3. ROXB., *Pl. coromand.*, III, 79, t. 283. — DC., *Prodr.*, IV, 267 (note). — ENDL., *Gen.*, n. 6097. — H. BN, in *Payer Fam. nat.*, 341. — B. H., *Gen.*, 949, n. 2. — *Stylidium* LOUR., *Fl. cochinch.* (ed. 1790), 220 (nec Sw.). — *Stylis* POIR., *Dict.*, Suppl., V, 260. — *Pautsauvia* J., in *Dict. sc. nat.*, LI, 158.

4.

ALANGIUM sect. 5.
1. *Angolam* (ADANS.).
2. *Diplalangium* (H. BN).
3. *Marleopsis* (H. BN).
4. *Rhytidandra* (A. GRAY).
5. *Marlea* (ROXB.).

5. WIGHT et ARN., *Prodr.*, I, 325. — LINDL., in *Bot. Reg.* (1838), t. 61 (*Marlea*). — WIGHT, *Icon.*, t. 194 ; *Ill.*, t. 96. — DCNE, in *Jacquem. Voy.*, *Bot.*, t. 83 (*Marlea*). — MIQ., *Fl. ind.-bat.*, I, p. I, 773, 774 (*Marlea*); Suppl., I,

arbustes, quelquefois épineux. Leurs feuilles sont alternes, pétiolées, sans stipules, régulières ou plus ou moins insymétriques à la base, entières, dentées ou lobées, penninerves ou digitinerves à la base. Leurs fleurs [1] sont disposées dans l'aisselle des feuilles en cymes ou en glomérules plus ou moins composés, et chacune d'elles est ordinairement articulée sur le sommet de son pédicelle.

Cette famille a été établie en 1810 par R. Brown [2]. Des genres qui lui sont aujourd'hui rapportés, les uns, tels que les *Nyssa*, *Conocarpus*, *Bucida*, *Terminalia*, *Chuncoa* et *Pamea*, avaient été attribués par A. L. de Jussieu à son Ordre des *Elæagni* [3], et les autres, tels que les *Cacoucia*, *Combretum* et *Guiera*, à celui des Onagres [4]. Les *Alangium* figurent en tête de l'Ordre suivant du même auteur, celui des Myrtes. En 1828, De Candolle fit de ces derniers un Ordre particulier des *Alangieæ* [5], que conserva Lindley [6], tout en y faisant rentrer les Tupélos pour lesquels Jussieu [7] avait fondé en 1825 une famille des Nyssacées. Les *Nyssa* d'une part, les *Alangium* et *Marlea* de l'autre, ont été, dans ces derniers temps, rangés par MM. Bentham et Hooker [8] dans la famille des Cornacées, avec laquelle leurs affinités sont incontestables [9]. Toutefois, puisque dans cette famille les ovules ont le micropyle tourné en dedans, les *Nyssa*, dans lesquels nous avons établi [10] qu'il est extérieur, ne sauraient lui appartenir; et si, comme nous le croyons actuellement, sa direction est la même au début dans les *Alangium* et s'il n'y devient latéral que par suite d'une torsion ultérieure, les *Alangium* et les *Nyssa* sont moins voisins des *Cornus* que des Araliacées et des Combrétacées. C'est à ces dernières que nous les rapportons provisoirement, plutôt qu'aux Araliacées, à cause des caractères de leur androcée, de leur inflorescence, de leur style et de leurs fruits. A une certaine époque, on ne connaissait parmi les Combrétacées que des plantes à ovules insérés tout près du sommet de l'ovaire. Plus tard on a fait voir que leurs placentas étaient pariétaux et centripètes, et que les ovules s'inséraient en réalité à droite et à gauche de la portion supérieure de ces placentas.

341.— Benth., *Fl. hongk.*, 138; *Fl. austral.*, III, 386 (*Marlea*). — Tul., in *Ann. sc. nat.*, sér. 4, VI, 105. — H. Bn, in *Adansonia*, X, 183 (*Marlea*). — Walp., *Ann.*, I, 974 (*Marlea*); IV, 819 (*Rhytidandra*).

1. Généralement blanchâtres.
2. *Prodr. Fl. N.-Holl.*, I, 351; in *Flind. Voy.*, II, 548; *Misc. Works* (ed. Benn.), I, 19.
3. *Gen.* (1789), 74, Ord. 1.
4. *Op. cit.*, 320.
5. *Prodr.*, III, 203, Ord. 77.
6. *Veg. Kingd.* (1846), 719, Ord. 275 (*Alangiaceæ*).
7. In *Dict. sc. nat.*, XXXV, 267. — Endl., *Gen.*, 328 (*Gen. Santalaceis affin.*)
8. *Gen.*, 949, 952.
9. H. Bn, in *Adansonia*, V, 196.
10. In *Adansonia*, *loc. cit.*, 198.

Que ceux-ci s'avancent davantage, et l'on aura l'ovaire à deux loges incomplètes ou complètes qui s'observe quelquefois dans les *Nyssa*, et, dans les Alangiées à gynécée dicarpellé, un ovaire à deux cavités complètes, renfermant chacune un ovule. A ce titre, les Combrétacées vraies ne seraient point les représentants les plus parfaits de cette famille où seules elles avaient été admises jusqu'ici. De là la division en trois séries que nous avons, jusqu'à nouvel ordre, proposée :

I. COMBRÉTÉES [1]. — Fleurs hermaphrodites ou polygames, avec ou sans corolle, à ovaire uniloculaire, pauciovulé. Ovules en nombre égal ou double de celui des placentas pariétaux très-imparfaits, et insérés vers leur sommet, ordinairement attachés par un long funicule [2], à micropyle extérieur. Graines sans albumen. — 8 genres.

II. NYSSÉES. — Fleurs polygames-dioïques, à corolle polypétale, rarement absente. Ovaire à une ou plusieurs loges, généralement complètes, uniovulées. Ovule descendant, attaché par un court funicule, à micropyle extérieur. Graines albuminées. — 3 genres.

III. ALANGIÉES. — Fleurs hermaphrodites ou rarement polygames, à 4-10 pétales. Ovaire à une ou deux loges uniovulées. Ovule descendant, inséré en haut de l'angle interne, à court funicule, à micropyle finalement latéral. Graines albuminées. — 1 genre.

Les affinités de ces trois groupes sont multiples. Nous avons parlé de celles des Alangiées avec les Cornacées, qui, outre les caractères tirés de l'ovule, se distinguent par leur androcée isostémoné. Les Araliacées ont, comme les Combrétacées, le micropyle ovulaire tourné en dehors. On admet, ainsi que nous le verrons, qu'elles se séparent de celles qui ont, comme elles, les cloisons ovariennes complètes, par leur port, leur mode d'inflorescence, leurs divisions stylaires distinctes et leur embryon réduit à de petites dimensions; tous caractères de minime valeur. Les Onagrariées, qui présentent tant d'analogies avec les Nyssées, ont des ovules en nombre indéfini ; ou bien, si ce nombre est défini, les ovules descendants ont le micropyle intérieur, comme dans les Cornacées, et les ovules ascendants l'ont extérieur. Dans les Rhizophoracées, au contraire, les ovules descendants ont le micropyle en dehors, comme dans les Combrétacées; mais les premières se distinguent par leur port, leurs stipules, l'organisation de leur corolle et de leurs étamines, leur style,

1. *Combretaceæ* R. BR. — *Terminaliaceæ* J. S. H., *Exp. Fam. nat.*, I, 178. — *Myrobalaneæ* J., in *Dict. sc. nat.*, XXXI (1824), 458. — *Terminalieæ* DC., *Prodr.*, III, 9. LINDLEY et, plus tard, MM. BENTHAM et HOOKER (*Gen.*, 689) ont adjoint à la famille, comme sous-ordre, les Gyrocarpées et les Illigérées, décrites par nous avec les Lauracées (*Hist. des pl.*, II, 484, 485).

2. Sauf toutefois dans le g. *Laguncularia*, où le funicule est très-court.

analogue à celui des Cornacées, sauf dans les *Anisophyllæa*, qui ont presque tous les caractères des Combrétées, mais dont les feuilles singulières et l'embryon à radicule macropode sont bien distincts. Les plus étroites affinités des Combrétées nous paraissent, nous l'avons vu [1], être celles qu'elles affectent avec les Quercinées. La fleur femelle d'un Châtaignier, avec son ovaire infère et la dilatation réceptaculaire qui le surmonte, avec ses étamines épigynes et ses ovules descendants à micropyle extérieur, nous a paru être tout à fait celle d'un *Terminalia*, dont les cloisons placentaires, en somme toujours incomplètes, se seraient un peu plus avancées vers l'axe d'un ovaire primitivement uniloculaire dans les deux cas. Quant à la cupule exceptionnelle des Quercinées, qui est si caractéristique, elle n'existe pas dans la famille des Castanéacées tout entière, et elle ne dépend que d'une modification dans la forme de certains organes de végétation et non dans l'organisation de la fleur elle-même. La véritable place des Combrétacées nous paraît donc être entre les Quercinées, les Araliacées, les Onagrariacées et les Cornacées.

Les Combrétées et les Alangiées sont des plantes des pays tropicaux. Les dernières sont bornées à l'Asie, l'Afrique et l'Océanie. Les premières sont au contraire communes aux deux mondes. Les *Quisqualis*, *Macropteranthes*, *Guiera* et *Calycopteris* n'appartiennent qu'à l'ancien ; mais les deux principaux genres, les *Combretum* et les *Terminalia*, sont répartis, inégalement, il est vrai, entre l'Asie, l'Afrique et l'Amérique. Les *Lumnitzera*, *Laguncularia* et *Conocarpus* [2] sont de ces curieuses plantes de littoral qui, à la façon des Mangliers, se développent dans les eaux saumâtres des côtes tropicales les plus éloignées. Le premier de ces genres n'a été observé, toutefois, qu'en Asie, en Afrique et en Océanie, mais les deux derniers se rencontrent à la fois dans l'Amérique du Sud et dans l'Afrique tropicale. Les Nyssées sont, au contraire, des arbres des régions tempérées. Dans l'Amérique du Nord, les *Nyssa* habitent les parties les plus méridionales, au Mexique et aux États-Unis. Dans l'Inde et à Java, ils croissent en petit nombre sur les montagnes. Le *Camptotheca* et le *Davidia* sont du Tibet oriental.

Usages. — Comme les Quercinées auxquelles nous les avons plusieurs fois comparées, ces plantes ont généralement une écorce et des fruits

1. Voyez page 246.

2. Vulg. *Mangliers flibustiers*.

astringents. Ceux des Badamiers, très-célèbres dans l'ancienne thérapeutique comme astringents et toniques, encore usités comme tels dans leur pays natal, où on les emploie surtout pour tanner les peaux et pour teindre les étoffes, étaient connus sous le nom de Myrobalans [1], qui s'appliquait aussi à d'autres fruits portés par des végétaux de familles bien différentes [2]. On distinguait surtout, dans celle-ci, les M. citrins [3], attribués au *Terminalia citrina* [4]; les M. chébules, au *T. Chebula* [5]; les M. bellerics, au *T. Bellerica* [6]. L'écorce de ces arbres, préconisée contre les inflammations et les fièvres, de même que celle de quelques *Combretum*, donne une gomme, tantôt douce, comme celle de l'*Acacia arabica*, tantôt astringente, brûlant à la flamme. Ces *Terminalia* présentent encore avec les Chênes cette autre analogie que leurs différents organes, sous l'influence de la piqûre d'insectes, développent des galles [7] riches en tannin, propres à la teinture et au tannage. Tel est surtout le *T. Chebula*, dont les galles, en forme de cornes, larges, plates et creuses, donnent avec l'alun une solide couleur jaune, et avec de l'argile ferrugineuse, une excellente teinture noire. La racine du *T. latifolia* [8] se donne aux Antilles comme antidiarrhéique. Celle du *T. Catappa* [9], belle espèce indienne, introduite et cultivée dans l'Amérique tropicale, est aussi prescrite contre les flux, diarrhées, dysenteries, et son écorce contre les fièvres gastriques et bilieuses. Elle sert à teindre en noir. Son fruit est recherché comme aliment et comme médicament. Beaucoup d'autres *Terminalia* sont dans le même cas, notamment le *T. alata* [10], qui, dans l'Inde, se substitue au cachou dans le traitement des angines, des

1. Ou *Myrobolans, Myrabolans*, par corruption. MÉR. et DEL., *Dict. Mat. méd.*, IV, 539. — GUIB., *Drog. simpl.*, éd. 6, III, 282. — ROSENTH., *Synops. plant. diaphor.*, 901.

2. Voy. vol. V, p. 164, note 5.

3. Distingués : en *jaunes ovoïdes et anguleux*, en *verdâtres et piriformes*, et en *brunâtres et ovoïdes-arrondis* (GUIB.).

4. ROXB., *Cat. Hort. Calc.*, 33. — DC., *Prodr.*, III, 12, n. 15. — *Myrobalanus citrina* GÆRTN., *Fruct.*, II, 90, t. 97.

5. RETZ., *Obs.*, V, 31. — ROXB., *Pl. coromand.*, II, 52, t. 197. — LINDL., *Fl. med.*, 67. — DC., *Prodr.*, n. 14. — *Myrobalanus Chebula* GÆRTN., *loc. cit.* (*Olivier des nègres*, à la Martinique).

6. ROXB., *loc. cit.*, 54, t. 198. — DC., *Prodr.*, n. 13. — *Myrobalanus Bellerica* BREYN., *Icon.*, 18, t. 4. — GÆRTN., *loc. cit.* — *Tani* RHEED., *Hort. malab.*, IV, t. 10. Les origines des principaux Myrobalans sont indiquées de cette façon dans les ouvrages classiques; mais il y a, à cet égard, beaucoup d'incertitude. D'après MÉRAT et DELENS (*loc. cit.*), les M. citrins, chébules, de même que les M. indiques (*M. indiens, M. noirs*), sont les fruits d'une même espèce, récoltés à divers degrés de maturité. « COLEBROOKE a suivi les changements du *M. Chebula*, et a vu que son fruit en subissait six, qui ont reçu des noms distincts chez les Indiens. » (*Journ. de Bot.*, VI, 212.) KŒNIG a donné au *T. Chebula* le nom de *T. Myrobalanus citrina*. GUIBOURT considère, d'après les auteurs cités, le M. indien comme l'état vert du M. chébule.

7. GUIB., *loc. cit.*, 287, fig. 652.

8. SW., *Fl. ind. occ.*, II, 747. — DC., *Prodr.*, n. 11.

9. L., *Mantiss.*, 519. — LAMK, *Ill.*, t. 848, fig. 1. — JACQ., *Ic. rar.*, I, t. 197. — DC., *Prodr.*, n. 5. — ROSENTH., *op. cit.*, 900. — *Juglans Catappa* LOUR., *Fl. cochinch.* (ed. 1790), 573. (*Bois canot*, *B. à huile*).

10. ROTH, *Nov. spec.*, 379. — *Pentaptera alata* BANKS. — ROSENTH., *op. cit.*, 902.

aphthes, des accidents scorbutiques; le *T. macroptera* [1] du Sénégal, qui, quoique astringent, a une racine dite purgative; le *T. mauritiana* [2] (fig. 235-237), dont les graines sont comestibles; le *T. angustifolia* [3], qui, dans l'Inde, donne une sorte de benjoin; le *T. Buceras* [4], des Antilles, dont l'écorce astringente s'emploie en médecine; le *T. erecta* [5] (fig. 240), dont l'écorce sert au traitement des ophthalmies, des accidents syphilitiques et diabétiques, et un grand nombre d'autres [6]. Le *Laguncularia racemosa* [7], des rivages de l'Afrique tropicale et de l'Amérique du Nord, est aussi une plante astringente. Le *Quisqualis indica* [8] (fig. 229-234) a des graines anthelminthiques, à saveur amère et piquante; ses feuilles sont aussi seules ou associées au sénevé, prescrites contre les vers intestinaux et les affections du bas-ventre. Plusieurs *Combretum* sont encore usités. Le *C. coccineum* [9] (fig. 226-228) et les *C. argenteum*, *grandiflorum* [10] et *alternifolium* ont des écorces astringentes. Plusieurs sont tinctoriaux. Les cendres du *C. glutinosum* [11] servent en Sénégambie à fixer les couleurs de l'indigo. A la Guyane, les Galibis croyaient surexciter le flair de leurs chiens en leur frottant le museau avec le fruit du *T. Cacoucia* [12]. DE MARTIUS a fait connaître en Europe le *Terminalia argentea* [13], du Brésil, comme donnant un suc drastique et résolutif, employé dans son pays aux mêmes usages que la gomme-gutte. Plusieurs *Terminalia* des mêmes contrées sont tinctoriaux. A Mozambique, on extrait des graines du *C. butyrosum* [14] une matière grasse aromatique qui sert à préparer les aliments. Les *Alangium* ont des racines aromatiques. Leur bois est bon, et leurs fruits sont comestibles, mais souvent

1. GUILL. et PERR., *Fl. Sen. Tent.*, I, 276, t. 63. — LAWS., *Fl. trop. Afr.*, II, 416 (*Rebreb*).

2. LAMK, *Dict.*, I, 349; *Ill.*, t. 848, fig. 2. — *Catappa mauritiana* GÆRTN. F.

3. JACQ., *Hort. vindob.*, III, t. 100. — *T. Benzoin* L. F., *Suppl.* — *Catappa Benzoin* GÆRTN. F. (*Faux-Benjoin*, *Bien-joint*).

4. *Bucida Buceras* L., *Spec.*, 556. — DC., *Prodr.*, III, 10. — EICHL., in *Mart. Fl. bras.*, *Combret.*, 94, t. 35, fig. 1. Cette espèce, piquée par des insectes, produit aussi des galles riches en tannin (*Chêne français* des Antilles).

5. *Conocarpus erecta* L., *Syst.*, 217. — DESCOURT., *Fl. méd. Ant.*, VI, t. 399. — EICHL., *loc. cit.*, 101, t. 35, fig. 2 (*Manglier flibustier*, *M. droit*, *M. noir*).

6. Les *T. glabrata* FORST., *trovancorensis* WIGHT, *Pamæa* DC., *crenulata* ROTH (ROSENTH., *loc. cit.*, 900-902), etc.

7. Voy. p. 279, note 2.

8. L., *Spec.*, 556. — LAMK, *Ill.*, t. 357. — DC., *Prodr.*, III, 23. — *Bot. Mag.*, t. 2033. — *Bot. Reg.*, t. 492. — ROSENTH., *op. cit.*, 903.

9. LAMK, *Dict.*, I, 734; *Ill.*, t. 282, fig. 2. — *C. purpureum* VAHL. — *Bot. Reg.*, t. 429. — *Poivrea coccinea* DC., *Prodr.*, III, 18, n. 5.

10. DON, in *Edinb. new Phil. Journ.* (1824), 346. — DC., *Prodr.*, n. 24. — LAWS., *Fl. trop. Afr.*, II, 423. — *C. Afzelii* DON. — *Poivrea grandiflora* BENTH., *Niger*, 337.

11. PERR., *Fl. Sen. Tent.*, I, 288, t. 68.

12. *Cacoucia coccinea* AUBL., *Guian.*, t. 179. — EICHL., in *Mart. Fl. bras.*, *Combret.*, 122, t. 32. — *Schousbæa coccinea* W.

13. MART. et ZUCC., *Nov. gen. et spec.*, I, 43. — EICHL., in *Mart. Fl. bras.*, *Combret.*, 86, 125, t. 23.

14. CAR., in *Journ. Linn. Soc.*, IV, 167. — *Sheadendron butyrosum* BERTOL., in *Mém. Acad. Bologn.* (1850), 12, t. 4.

visqueux et presque insipides. On dit que les *A. decapetalum*[1] (fig. 245-248) et *hexapetalum*[2] sont purgatifs et hydragogues. Les Tupélos ont des drupes légèrement acides, notamment les *Nyssa capitata*[3] et *biflora*[4] (fig. 241-244), dont les fruits sont parfois substitués aux citrons. On mange aussi celui des *N. aquatica*[5], *villosa*[6], *scandens*[7]. Le bois de ces arbres se fend difficilement, à cause de l'intrication de ses fibres; on l'emploie assez souvent aux États-Unis, mais il est peu estimé[8]. Ces arbres se cultivent assez difficilement chez nous. Les plantes des autres séries ne se rencontrent que dans les serres, où certains *Combretum* et *Quisqualis* produisent des fleurs rouges d'un très-bel effet.

1. LAMK, *Dict.*, I, 174. — *A. acuminatum* WIGHT et ARN. — ROSENTH., *op. cit.*, 903. — *Grewia salvifolia* L. F., *Suppl.*, 409 (ex VAHL, *Symb.*, I, 61). — *Angolam* RHEED., *Hort. malab.*, IV, t. 17.

2. LAMK, *loc. cit.* — DC., *Prodr.*, III, 203 (*Namidou*, *Kara-Angolam*).

3. WALT., *Fl. carol.*, 253, n. 4.

4. MICHX, *Fl. bor.-amer.*, II, 259. — *N. aquatica* L.? (ex MICHX).

5. L., *Syst.* (éd. 1780), IV, 358.

6. MICHX, *op. cit.*, 258.

7. MICHX, ex ROSENTH., *op. cit.*, 239. Pour M. A. GRAY, il n'y a aux États-Unis du Nord que deux espèces de *Nyssa* : le *N. uniflora*, comprenant les *N. tomentosa*, *angulisans* et *grandidentata* MICHX, et le *N. multiflora* WANG., qui comprend les *N. villosa* W. et *sylvatica* MARSH. M. CHAPMAN y ajoute au sud les *N. aquatica* L. et le *N. capitata* Walt.; en tout, par conséquent, quatre espèces américaines seulement, lesquelles, probablement, présentent de nombreuses variations.

8. Sur la tige d'un *Nyssa angulisans*, voy. TRÉCUL, in *Ann. sc. nat.*, sér. 3, XVII, 270. Sur le bois des Alangiées : LINDL., *Veg. Kingd.*, 720. Celui des Combrétacées en général, et notamment de celles qui vivent dans les eaux saumâtres, présente de nombreuses particularités à étudier.

GENERA

I. COMBRETEÆ.

1. **Combretum** L. — Flores hermaphroditi v. polygamo-diœci; receptaculo tubuloso-lageniformi, ad apicem constricto, altius dilatato-cupuliformi; sepalis 4, 5, valvatis, intus glabris v. pilosis, ad basin nunc glanduloso-incrassatis, deciduis. Petala 4, 5, nunc parva (v. rarissime 0). Stamina 8-10, 2-seriata; oppositipetala altius inserta; filamentis elongatis liberis, superne incurvis; antheris parvis introrsis, 2-dymis, 2-rimosis. Germen intus receptaculi concavitati adnatum, 1-loculare; stylo subulato, apice simplici v. vix incrassato stigmatoso. Ovula 2-6, ad apicem loculi inserta, e funiculo longiusculo appensa, anatropa; micropyle extrorsum supera. Fructus coriaceus v. subspongiosus, nunc subcarnosus, 4-6-gonus v. 4-6-pterus; alis brevibus crassis v. sæpe membranaceis; pericarpio indehiscente v. demum 4-6-partibili. Semen 1, descendens, elongatum, sulcatum v. angulatum; integumento membranaceo v. coriaceo; embryonis exalbuminosi cotyledonibus carnosis, sæpius angustis, plicatis contortuplicatis v. profunde sulcatis, nunc rarissime convolutis. — Frutices v. rarius arbores, sæpe scandentes, nunc spinosi; foliis oppositis v. rarius verticillatis, rarissime alternis, petiolatis, sæpius membranaceis integris exstipulatis; floribus in spicas v. racemos, nunc ramosos, dispositis, raro secundis; bracteis parvis v. majusculis. (*Asia*, *Africa*, *America trop.*) — *Vid. p.* 260.

2. **Quisqualis** L. [1] — Flores fere *Combreti;* receptaculi tubo ultra

1. L., *Gen.*, n. 539. — J., *Gen.*, 78. — LAMK, *Ill.*, t. 357. — POIR., *Dict.*, VI, 43; Suppl., IV, 640. — DC., *Prodr.*, III, 22. — SPACH, *Suit. à Buffon*, IV, 316. — ENDL., *Gen.*, n. 6089. — PAYER, *Organog.*, 447, t. 105; *Fam. nat.*, 96. — B. H., *Gen.*, 689, n. 12. — *Sphalanthus* JACK, *Mal. Misc.*, ex *Hook. Comp. to Bot. Mag.*, I, 155.

germen longius producto attenuato; sepalis patentibus v. recurvis. Stamina 10, germen ovula 4, 5, cæteraque *Combreti*. Fructus oblongus coriaceus, acute 5-gonus, 5-alatus; semine 5-gono. Embryo exalbuminosus; cotyledonibus 2 (v. raro 3), carnosis crassis, intus planis v. concavis, extus convexis v. sulcatis. — Frutices scandentes; ramis sarmentosis; foliis oppositis v. suboppositis integris; floribus [1] in spicas, nunc compositas, axillares et terminales, dispositis. (*Asia et Africa trop.* [2])

3. **Lumnitzera** W. [3] — Flores (fere *Combreti*) hermaphroditi; receptaculo oblongo, utrinque attenuato, extus ad medium bracteolis 2 lateralibus adnatis aucto, ultra germen nonnihil producto demumque dilatato. Sepala 5, æqualia v. inæqualia, imbricata, persistentia. Petala 5, oblonga patentia. Stamina [4] 10 germenque *Combreti;* ovulis 2-6 [5]; funiculo elongato. Fructus oblongus, ovoideo-attenuatus, v. subfusiformis compressus ligneus, ad bracteolarum reliquias lateraliter obtuse angulatus, calyce persistente coronatus. Semen lineare [6]; embryonis exalbuminosi cotyledonibus convolutis. — Arbores fruticesque; foliis alternis, ad summos ramulos insertis, subsessilibus, obovato-cuneatis, crassis coriaceis enerviis, integris v. crenatis; floribus [7] in racemos axillares terminalesque breves dispositis. (*Orb. vet. tot. litt. trop.* [8])

4. **Laguncularia** GÆRTN. F. [9] — Flores polygami (fere *Lumnitzeræ*); receptaculo (in masculis brevi) turbinato teretiusculo nec ultra germen producto, lateraliter bracteolis 2 parvis adnatis aucto. Calyx urceolatus, 5-fidus, persistens. Petala 5, parva, caduca. Stamina 10; filamentis brevibus incurvis; antheris cordatis inclusis v. vix exsertis. Germen intus receptaculo adnatum et disco epigyno crasso coronatum;

1. Albis v. rubris, mutabilibus.

2. Spec., 3, 4. RUMPH., *Herb. amboin.*, V, 71, t. 38. — BURM., *Fl. ind.*, t. 28, fig. 2. — P.-BEAUV., *Fl. ow. et ben.*, I, 55, t. 34. — BL., *Bijdr.*, 641. — ROXB., *Fl. ind.*, II, 426. — PRESL, *Epim.*, 216. — WIGHT et ARN., *Prodr.*, I, 318. — WIGHT, *Ill.*, t. 92. — HARV. et SOND., *Fl. cap.*, II, 512. — LAWS., in *Oliv. Fl. trop. Afr.*, II, 435. — HOOK., in *Bot. Mag.*, t. 2033. — *Bot. Reg.*, t. 492. — WALP., *Rep.*, II, 68; V, 663; *Ann.*, III, 860.

3. In *N. Schz. Ges. Nat. Fr. Berl.*, IV, 186. — DC., *Prodr.*, III, 22. — ENDL., *Gen.*, n. 6084. — B. H., *Gen.*, 687, n. 7. — *Pyrranthus* JACK, *Mal. Misc.*, ex *Hook. Comp.*, I, 156. — *Petaloma* ROXB., *Fl. ind.*, II, 372 (nec Sw.). — *Funkia* DENNST., *Hort. malab.*, VI, 37 (ex ENDL.).

4. Antheræ in alabastro juniore et sub anthesi introrsæ. Filamenta in alabastro incurvo-conduplicata.

5. Dissepimenta prima ætate distincta plus minus prominula.

6. Sæpe sterile; fructu inde vacuo.

7. Albis, coccineis, v. (?) luteis.

8. Spec. 4, 5. WIGHT et ARN., *Prodr.*, I, 316. — PRESL, *Rel. Hænk.*, II, 25. — GAUDICH., in *Freycin. Voy.*, *Bot.*, t. 104, 105 (*Laguncularia*). — BENTH., *Fl. austral.*, II, 503. — LAWS., *Fl. trop. Afr.*, II, 418. — WALP., *Rep.*, 63; *Ann.*, I, 289; IV, 672.

9. *Fruct.*, III, 209, t. 217. — DC., *Prodr.*, III, 17. — SPACH, *Suit. à Buffon*, IV, 304. — ENDL., *Gen.*, n. 6083. — B. H., *Gen.*, 688, n. 9. — *Sphenocarpus* L. C. RICH., *Anal. fruit*, 92. — *Horau* ADANS., *Fam. des pl.*, II, 80.

stylo brevi, apice stigmatoso 2-lobo. Ovula 2; funiculo subapicali brevissimo (v. 0). Fructus siccus coriaceus, indehiscens, elongato-obovoideus, nunc longitudinaliter costulatus, sericeus, calyce persistente coronatus. Semen 1, descendens, loculo conforme; embryonis exalbuminosi cotyledonibus arcte convolutis. — Arbuscula; foliis oppositis petiolatis, ellipticis v. oblongis, obtusis, integris coriaceis crassis, basi 2-glandulosis; floribus [1] in spicas axillares terminalesque ramosas, sæpe 3-stachyas, dispositis. (*America trop. et Africa trop. occ. litt.* [2])

5. **Macropteranthes** F. MUELL. [3] — Flores hermaphroditi (*Laguncu-lariæ*), 5-meri. Stamina 10, v. pauciora; antheris nunc ciliatis. Germen intus concavitati receptaculi ad apicem haud constricti et lateraliter bracteolis 2 adnatis alati adnatum. Ovula in loculo 10-16, sub apice funiculis lineari-elongatis inserta. Fructus (indehiscens?) calyce coronatus alisque 2 latis foliaceis horizontalibus ad medium auctus; seminibus...? — Arbusculæ sericeæ; foliis oppositis v. fasciculatis parvis integris; floribus axillaribus in pedunculo 2-nis. (*Australia trop.* [4])

6. **Guiera** ADANS. [5] — Flores hermaphroditi (*Combreti*), 5-meri; receptaculo utrinque attenuato, ultra germen producto. Petala 5, angusta, ad apicem sensim dilatata. Stamina 10, exserta; antheris parvis didymis. Germen, discusque et cætera *Lumnitzeræ;* ovulis 4, 5; funiculis elongatis. Fructus coriaceus, indehiscens, elongato-cylindraceus curvatusque [6], sericeo-villosus, calyce persistente coronatus. Semen 1, angustum; embryonis exalbuminosi elongati cotyledonibus convolutis.— Frutex tomentellus; foliis oppositis, petiolatis, integris apiculatis nigro-punctulatis; floribus [7] in capitula axillaria globosa solitaria pedunculata dispositis crebris; bracteis 4, sub capitulo insertis foliaceis, in involucrum commune valvatim circa flores inclusos conniventibus, demum sub anthesi reflexis. (*Africa trop. occ.* [8])

1. Parvis.

2. Spec. 1. *L. racemosa* GÆRTN. F. — DC., *Prodr.*, III, 17. — EICHL., in *Mart. Fl. bras.*, *Combret.*, 102, t. 35, fig. 3. — LAWS., *Fl. trop. Afr.*, II, 419. — WALP., *Rep.*, II, 63. — *L. glabrifolia* PRESL, *Rel. Hænk.*, II, 22.— *Conocarpus racemosa* L., *Spec.*, 251. — JACQ., *Amer.*, 80, t. 53. — SW., *Obs.*, 79. — *Schousbœa commutata* SPRENG., *Syst.*, II, 332. — *Bucida Buceras* VELLOZ., *Fl. flum.*, 172; IV, t. 87 (nec L.).

3. *Fragm.*, III, 91, 151.— B. H., *Gen.*, 687, n. 8.

4. Spec. 3. F. MUELL., *Fragm.*, II, 149 (*Lumnitzera*). — BENTH., *Fl. austral.*, II, 504.

5. EX J., *Gen.*, 320. — LAMK, *Ill.*, t. 360. — POIR., *Dict.*, Suppl., II, 861. — DC., *Prodr.*, III, 17. — SPACH, *Suit. à Buffon*, IV, 305. — ENDL., *Gen.*, n. 6085. — B. H., *Gen.*, 687, n. 6.

6. Longe siliquiformis.

7. Minutis, nigro-punctatis.

8. Spec. 1. *G. senegalensis* LAMK. — GUILLEM. et PERR., *Fl. Sen. Tent.*, I, 282, t. 66, fig. 2. — LAWS., *Fl. trop. Afr.*, II, 418 (incol. *Guierr*).

7. **Calycopteris** LAMK [1]. — Flores hermaphroditi (fere *Guieræ* v. *Combreti*) apetali, 5-meri; receptaculo intus germen inferum fovente et ultra haud producto. Sepala 5, persistentia, accrescentia. Stamina 10, inclusa, antheris 2-dymis. Germen 3-ovulatum (*Combreti*). Fructus (parvus) ovoideus, 5-gonus, 5-sulcus, villosulus, sepalis 5 accretis membranaceis venosis obtusis patentibusque coronatus, indehiscens, 1-spermus; embryonis exalbuminosi cotyledonibus convolutis. — Frutex scandens [2], glaber v. sæpius sericeo-villosus; foliis plerumque oppositis petiolatis integris acuminatis; floribus in racemos axillares simplices v. terminales valdeque ramosos dispositis crebris. (*India or.* [3])

8. **Terminalia** L. [4] — Flores hermaphroditi v. polygamo-diœci (fere (*Combreti*) apetali; receptaculi tubo ovoideo v. subcylindrico, nunc elongato-lageniformi, supra germen haud v. vix, nunc nonnihil (*Ramatuella* [5]) v. longius (*Anogeissus* [6]) producto, superne dilatato in cupulam campanulatam v. suburceolatam, intus glabram v. pilosam, nunc glandulosam margineque calyciferam. Sepala raro 4, sæpissime 5, libera v. basi connata, valvata, plerumque decidua v. raro (*Bucida* [7]) persistentia. Stamina 4, 5, v. sæpissime 8–10, 2–seriata; filamentis subulatis incurvis, demum exsertis; alternisepalis altius insertis; antheris versatilibus v. raro (*Buchenavia* [8]) haud mobilibus. Germen inferum; stylo plerumque basi incrassato, apice stigmatoso simplici sæpiusque haud dilatato. Ovula in loculo 2, 3 (*Combreti*). Fructus ovoideus (*Myrobalanus* [9]) v. ellipsoideus elongatusve [10], v. angulatus, ancipiti-compressus (*Catappa* [11]), 2–7–alatus; alis crassis, nunc sinuatis v. incisis (*Rama-*

1. *Ill.*, t. 357. — POIR., *Dict.*, Suppl., II, 41. — B. H., *Gen.*, 686, n. 2. — *Getonia* ROXB., *Pl. coromand.*, I, 61, t. 87; *Fl. ind.*, II, 428. — GÆRTN. F., *Fruct.*, III, 210, t. 217. — DC., *Prodr.*, III, 15. — ENDL., *Gen.*, n. 6078.

2. Ob folia opposita, inflorescentias et calyces accretos *Verbenaceas* nonnull. et *Malpighiaceas* valde referens; flore autem omnino *Guieræ* et gener. affinium.

3. Spec. 1, 2. WIGHT et ARN., *Prodr.*, I, 315 (*Getonia*).

4. *Mantiss.*, n. 1283. — J., *Gen.*, 76. — LAMK, *Dict.*, I, 348; Suppl., I, 557; *Ill.*, t. 848. — DC., *Prodr.*, III, 10. — SPACH, *Suit. à Buffon*, IV, 298. — ENDL., *Gen.*, n. 6076. — PAYER, *Fam. nat.*, 97. — B. H., *Gen.*, 685, 1006, n. 1 (incl. : *Anogeissus* WALL., *Badamia* GÆRTN., *Buchenavia* EICHL., *Bucida* L., *Catappa* GÆRTN., *Chicarronia* A. RICH. (?), *Chuncoa* PAV., *Conocarpus* GÆRTN., *Myrobalanus* GÆRTN., *Pentaptera* ROXB., *Ramatuella* H. B. K., *Vicentia* ALLEM.).

5. H. B. K., *Nov. gen. et spec.*, VII, 254, t. 656. — DC., *Prodr.*, III, 16. — ENDL., *Gen.*, n. 6080. — B. H., *Gen.*, 686, n. 4.

6. WALL., *Cat.*, n. 4014. — ENDL., *Gen.*, n. 6082. — B. H., *Gen.*, 687, n. 5.

7. L., *Gen.*, n. 541. — LAMK, *Ill.*, t. 356. — DC., *Prodr.*, III, 9. — ENDL., *Gen.*, n. 6075 (part.). — *Buceras* P. BR., *Jam.*, II, 310.

8. EICHL., in *Flora* (1866), 164; in *Mart. Fl. bras.*, *Combret.*, 95, t. 25.

9. GÆRTN., *Fruct.*, II, 90, t. 97. — *Badamia* GÆRTN., *loc. cit.* — *Pamea* AUBL., *Guian.*, 946, t. 359. — *Fatræa* J., in *Dict. sc. nat.*, XVI, 206.

10. In *Bucida* sæpe fit, insectorum ictu, ut fructus (sicut in plantis nonnull. Ordinis) folia in cornua longa siliquiformia excrescant (nomen unde genericum).

11. GÆRTN., *Fruct.*, II, 206, t. 127; III, 207, t. 217. — *Adamaram* RHEEDE, ex ADANS., *Fam. des pl.*, II, 445. — *Tanibouca* AUBL., *Guian.*, 448, t. 178.

tuella) crassis coriaceis v. late membranaceis; exocarpio tenui v. rarius crasso, carnoso coriaceove; putamine coriaceo v. osseo, 1-spermo, recto, arcuato v. valde recurvo [1] (*Conocarpus* [2]). Semen ovoideum v. elongatum, teres v. angulatum; integumento tenui; embryonis exalbuminosi cotyledonibus convolutis. — Arbores v. frutices; foliis alternis v. rarius oppositis basique 2-glandulosis (*Chuncoa* [3], *Pentaptera* [4]), sæpe ad summos ramulos confertis, sessilibus v. sæpius petiolatis, plerumque integris, nunc pellucide v. nigrescenti-punctulatis; floribus [5] spicatis v. rarius racemosis; spicis simplicibus v. plus minus ramosis, elongatis, laxis, v. brevibus capituliformibus; v. nunc (*Anogeissus*, *Conocarpus*, *Ramatuella*) dense capitatis. (*Orb. tot. reg. trop.* [6]) — *Vid. p.* 264.

II? NYSSEÆ.

9. **Nyssa** L. — Flores polygamo-diœci; receptaculo masculorum breviter cupulari v. subplano. Calyx parvus, minimus v. subnullus; dentibus 5-∞. Petala 5-∞, imbricata. Stamina 5-18, v. ∞, cum perianthio inserta circa discum crassum pulvinularem integrum v. crenatum lobatumve, superne glabrum læve v. in conum centralem (gynæcei rudimentum ?) productum; filamentis liberis; antheris sub-2-dymis; loculis lateraliter v. introrsum rimosis. Floris fœminei hermaphroditive receptaculum tubulosum, urceolare v. subcampanulatum, intus germen adnatum fovens; calyce ut in masculis. Petala parva v. 0. Stamina rudimentaria 0, v. pauca ananthera antherave effœta donata. Germen inferum, 1-loculare (v. rarissime 2-loculare; dissepimentis perfectis

1. Fructu in *Conocarpo* cum cæteris in strobilum dense deorsum imbricato.

2. GÆRTN., *Fruct.*, II, 470, t. 177; III, 205, t. 216. — LAMK, *Dict.*, II, 96; *Ill.*, t. 126. — DC., *Prodr.*, III, 16 (part.). — SPACH, *Suit. à Buffon*, IV, 303. — ENDL., *Gen.*, n. 6081. — B. H., *Gen.*, 686, n. 3. — *Rudbeckia* ADANS., *Fam. des pl.*, II, 80 (nec L.).

3. PAV., ex J., *Gen.*, 76. — POIR., *Dict.*, Suppl., II, 258. — ENDL., *Gen.*, n. 6079. — *Gimbernatia* R. et PAV., *Prodr.*, 138, t. 36. — ? *Chicarronia* A. RICH., *Fl. cub.*, 529, t. 43. — *Vicentia* ALLEM., *Diss. de Vicentia acuminata*. Rio Janeiro (1844). — WALP., *Ann.*, III, 934. — EICHL., in *Mart. Fl. bras.*, *Combret.*, 92, t. 33, fig. 15 (fl. 4-meri).

4. ROXB., *Fl. ind.*, II, 437. — ENDL., *Gen.*, n. 6077.

5. Parvis v. mediocribus, viridulis, albidis v. rarius rubris, pallide violaceis v. purpurascentibus, nunc odoratis.

6. Spec. ad 100. JACQ., *St. am.*, t. 52 (*Conocarpus*). — WIGHT et ARN., *Prodr.*, I, 312. — WIGHT, *Ill.*, t. 91; *Icon.*, t. 172. — A. S. H., *Fl. Bras. mer.*, II, 239, t. 128. — GUILLEM. et PERR., *Fl. Sen. Tent.*, I, 276, t. 63, 64; 278 (*Conocarpus*), 279, t. 65 (*Anogeissus*). — TUL., in *Ann. sc. nat.*, sér. 4, VI, 90. — GRISEB., *Fl. brit. W.-Ind.*, 276. — HARV. et SOND., *Fl. cap.*, II, 508. — BENTH., *Fl. austral.*, II, 496. — THW., *Enum. pl. Zeyl.*, 103. — EICHL., in *Mart. Fl. bras.*, *Combret.*, 81, t. 23, 24, 33, 34; 94, t. 35, I (*Bucida*); 95, t. 25 (*Buchenavia*); 99, t. 35, II (*Ramatuella*); 100, t. 35, II (*Conocarpus*). — LAWS., *Fl. trop. Afr.*, II, 415, 417 (*Conocarpus*, *Anogeissus*). — *Bot. Mag.*, t. 3004. — WALP., *Rep.*, II, 60, 63 (*Anogeissus*); *Ann.*, I, 289; II, 524; IV, 672.

v. imperfectis); stylo recto v. recurvo revolutove, convexitate sulcato, simplici v. apice hinc stigmatoso 2-fido, basi disco epigyno crasso cincto. Ovulum 1 (v. rarissime 2), descendens; micropyle extrorsum supera. Fructus drupaceus oblongus, apice areolatus; putamine tereti v. sulcato. Seminis descendentis albumen carnosum; embryonis inversi cotyledonibus foliaceis albuminique æquilatis. — Arbores v. frutices, nunc sericei; foliis alternis petiolatis, exstipulatis, integris v. grosse dentatis lobatisve; floribus axillaribus, summo pedunculo insertis, capitatis v. breviter racemosis (glomerulatis ?), bracteatis bracteolatisque; bracteis nunc involucrantibus; fœmineis paucioribus, nunc solitariis. (*America bor. austr.*, *Asia mont. et Malaisia temp.*) — *Vid. p.* 266.

10 ? **Camptotheca** DCNE [1]. — Flores polygami (fere *Nyssæ*); calyce cupulari. Petala 5, imbricata. Stamina 10, 2-seriata, sub disco epigyno inserta; antherarum locellis 4, connectivo conico appensis; singulis introrsum inæquali-valvicidis [2]. Germen (in flore masculo effœtum) inferum; ovulo...?; stylo 2-fido (in flore masculo brevissimo, disco immerso). Fructus capitati compressi subsamaroidei, apice truncati discique vestigiis coronati; mesocarpio suberoso; endocarpio tenui. Semen descendens elongatum; testa tenui; albumine carnoso; embryonis (viriduli) albumini æqualis cotyledonibus tenuibus; radicula supera. — Arbor; foliis alternis, deciduis; floribus capitatis; capitulis (glomeruligeris) in racemum terminalem dispositis pedicellatisque; bracteis bracteolisque lateralibus cymulas involucrantibus. (*Thibetia or.* [3])

11 ? **Davidia** H. BN [4]. — Flores polygamo-diœci; masculi 1-andri; staminibus ∞, in capitulum globosum minute foveolatum, circa filamentorum basin leviter prominulum, glomeratis; filamentis liberis subulatis, foveolis receptaculi insertis; antheræ loculis ovatis, utrinque liberis, sublateraliter rimosis. Flos fœmineus in capitulis 0, v. 1, lateraliter supra medium receptaculi insertus, obliquus; receptaculo floris proprio subovoideo sacciformi, intus germen adnatum fovente perianthiumque subepigynum e foliolis parvis ∞, inæqualibus subulatis, constans, margini insertum gerente. Germen inferum, 6–10-loculare, ultra perianthium attenuatum; stylo conico, extus rugoso, apice in lobos radiantes, intus sulcatos stigmatososque, loculorum numero æquales, diviso. Ovula in loculis completis solitaria, paulo sub apice inserta, descendentia;

1. In *Bull. Soc. bot. de Fr.*, XX, 157.
2. « Polline, *Onagrariearum* more, 3-gono. »
3. Spec. 1. *C. acuminata* DCNE, *loc. cit.*
4. In *Adansonia*, X, 114.

micropyle extrorsum supera. Flos hermaphroditus fœmineo cæterum similis et intra perianthium staminibus hypogynis brevibus rectis (fertilibus v. sterilibus) auctus. Fructus...? — Arbor; foliis alternis, petiolatis, cordato-acuminatis serratis penninerviis, basi sub-3-7-nerviis[1]; floribus præcocibus; capitulis terminalibus pedunculatis; bracteis 2, suboppositis, late foliaceis, foliis conformibus æqualibusque, petaloideis coloratis (albis), involucrantibus demumque expansis. (*Thibetia or.*[2])

III? ALANGIEÆ.

12. **Alangium** Lamk. — Flores hermaphroditi v. raro polygami; receptaculo concavo, turbinato, campanulato, v. subcylindrico, intus germen adnatum fovente. Calyx margini insertus, subinteger truncatus v. 4-10-dentatus. Petala 4-10, loriformia v. linearia, valvata, demum reflexa v. revoluta. Stamina cum perianthio inserta (epigyna), petalorum numero æqualia cumque iis alternantia v. 2-4-plo pluria; filamentis liberis v. ima basi connatis, sub disco epigyno insertis; antheris lineari-elongatis, introrsis v. lateraliter rimosis. Germen inferum, 1-2-loculare v. rarius 3-loculare; septis perfectis v. superne imperfectis; stylo basi disco epigyno cupulari v. pulvinari cincto, ad apicem stigmatosum clavato capitatove, minute sæpius 4-∞-lobato. Ovulum in loculis singulis 1, sub apice insertum, descendens; micropyle extrorsum (?) supera, demum sæpius laterali. Fructus drupaceus, calyce v. ejus cicatrice coronatus; exocarpio tenui v. crasso carnoso; putamine plus minus duro, nunc crustaceo, 1-2-spermo. Semen oblongum; integumento tenui; albumine carnoso, extus lævi v. nunc sinuato ruminatove; embryonis axilis cotyledonibus foliaceis, basi digitinerviis, aut planis, aut leviter corrugatis v. nunc contortuplicatis; radicula tereti supera. — Arbores v. frutices, inermes v. nunc spinescentes, glabri v. tomentosi; foliis alternis petiolatis exstipulatis, integris v. angulato-lobatis, basi æqualibus v. nunc inæqualibus, penninerviis v. nunc basi digitinerviis; floribus in cymas axillares plus minus composito-ramosas dispositis; inflorescentiæ ramis elongatis v. nunc plus minus contractis; pedicellis plerumque articulatis. (*Asia*, *Oceania et Africa trop.*, *Malacassia.*) — *Vid. p.* 268.

1. Junioribus subtus v. utrinque sericeis.

2. Spec. 1. *D. involucrata* H. Bn, *loc. cit.*

LIII
RHIZOPHORACÉES

I. SÉRIE DES MANGLIERS.

Les Mangliers sont surtout connus par leurs longues racines adven-

Rhizophora Mangle.

Fig. 254. Fleur (4/1). Fig. 255. Diagramme. Fig. 256. Fleur, coupe longitudinale.

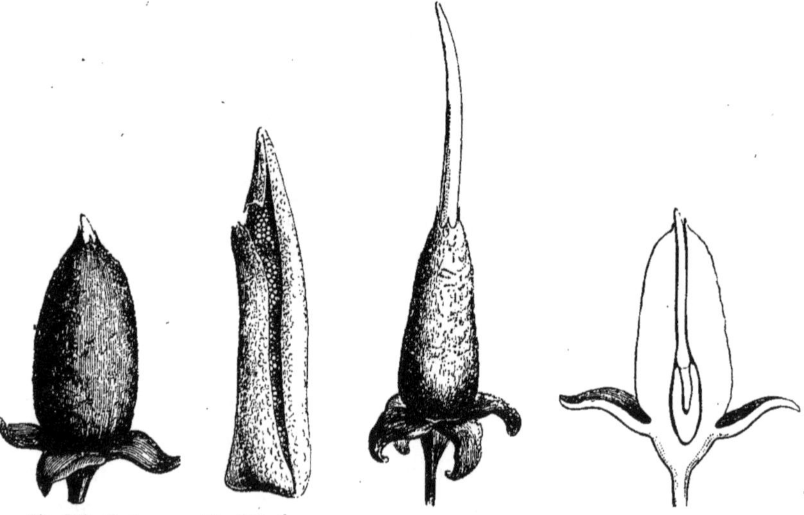

Fig. 258. Fruit. Fig. 257. Étamine déhiscente. Fig. 260. Fruit, avec la graine en germination. Fig. 259. Fruit, coupe longitudinale.

tives qui s'enfoncent dans la vase; d'où leur nom de *Rhizophora*[1] (fig. 253-260). Ils ont des fleurs régulières et hermaphrodites dont le

1. L., *Gen.*, n. 592 (part.). — J., *Gen.*, 213, 453. — LAMK, *Dict.*, VI, 160; *Ill.*, t. 396. — DUP.-TH., in *Desvx Journ. Bot.*, II, 31, t. 4. — DC., *Prodr.*, III, 32 (part.). — SPACH, *Suit. à Buffon*, IV, 332. — ENDL., *Gen.*, n. 6098. — H. BN, in *Payer Fam. nat.*, 360. — B. H., *Gen.*, 678, n. 1. — *Mangle* PLUKN., ex ADANS., *Fam. des pl.*, II, 445.

réceptacle concave loge dans son intérieur la portion inférieure de l'ovaire

Rhizophora Mangle.

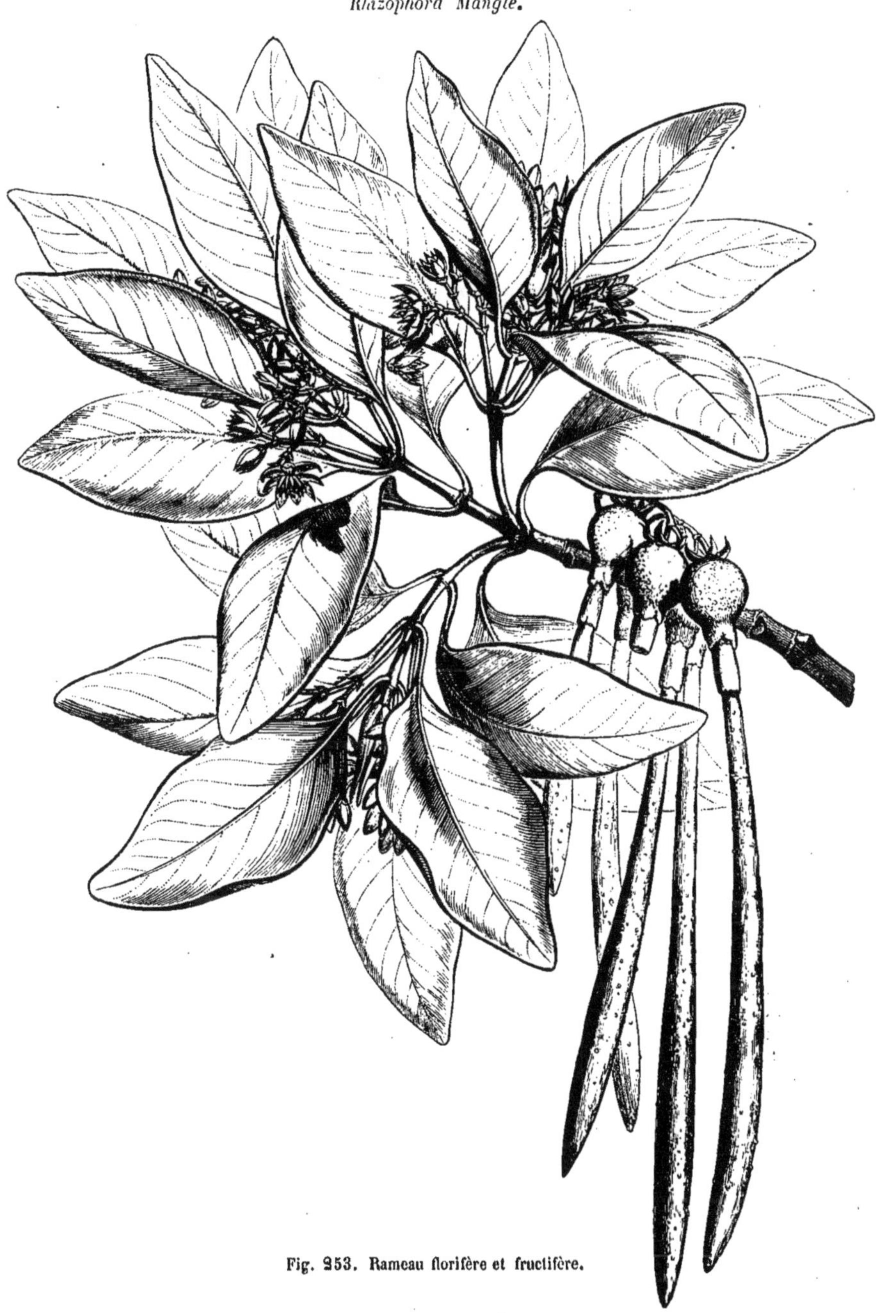

Fig. 253. Rameau florifère et fructifère.

et porte sur ses bords les étamines et le périanthe. Ce dernier est double, formé d'un calice coriace de quatre sépales épais et valvaires, persistants, l'un antérieur, l'autre postérieur, les deux derniers latéraux (fig. 255), et de quatre pétales alternes, plus longs, également valvaires, avec un bord souvent découpé de fines laciniures indupliquées. Les étamines, au nombre de huit, sont superposées, quatre aux sépales et quatre, plus longues, aux pétales [1]. Chacune d'elles est formée d'un filet très-court ou nul et d'une anthère basifixe, allongée, à deux loges déhiscentes suivant leur longueur d'une façon toute particulière [2] (fig. 257). Le gynécée se compose d'un ovaire en partie infère et creusé de deux loges, l'une antérieure et l'autre postérieure; il est surmonté d'un très-court style, presque immédiatement partagé en deux très-petits lobes stigmatifères. Dans l'angle interne de chaque loge se voit un placenta qui supporte deux ovules collatéraux, descendants, anatropes, avec le micropyle dirigé en haut et en dehors [3]. Le fruit, qu'accompagne à sa base le calice persistant et généralement réfléchi, est coriace, indéhiscent, monosperme. La graine est remarquable par la façon dont se comporte son embryon charnu, dépourvu d'albumen, mais souvent entouré d'une matière molle qui semble en jouer le rôle. Ses cotylédons sont conferruminés, et sa radicule supère s'allonge considérablement alors que le fruit demeure attaché à l'arbre. Elle prend ainsi la forme d'une longue massue pointue et perfore le sommet du péricarpe (fig. 253, 258-260) pour se diriger verticalement vers la vase où la radicule s'enfonce avant que la portion supérieure de l'embryon se dégage. Les *Rhizophora* sont des arbres qui se rencontrent dans toutes les régions tropicales du globe. Leurs longues racines adventives les maintiennent solidement au fond de l'eau, au-dessus de laquelle elles soulèvent leur tige épaisse, chargée de rameaux opposés et de feuilles décussées, pétiolées, ellip-

1. Il arrive assez souvent qu'à l'âge adulte, aucune étamine ne se voie en face des sépales, mais que chaque pétale en présente en dedans de lui une couple, dont une plus petite que l'autre, et pouvant même demeurer stérile. Cela tient, comme nous l'avons fait voir (in *Bull. Soc. Linn. Par.*, 58), à ce que, par suite d'un déplacement tardif, l'étamine primitivement superposée au sépale est venue se loger, avec l'oppositipétale qu'elle a légèrement repoussée, en dedans du pétale auquel cette dernière répondait. Il y a quelquefois, dit-on, des fleurs 12-andres dans ce genre.

2. GRIFFITH, qui s'est occupé de ces plantes (*On the fam. of Rhizophoreæ*, ex *Trans. of med. and phys. Soc. Calc.*; in *Ann. sc. nat.*, sér. 2, X, 117; *Icon.*, IV, t. 640), a confirmé et étendu les recherches de JACQUIN (*St. amer.*, 142) et de R. BROWN, qui, dans son mém. sur le *Rafflesia* (in *Trans. Linn. Soc.*, XIII, p. I, 214; *Misc. Works* [ed. BENN.], I, 369), a établi que la membrane des loges de l'anthère se détache à un certain moment pour laisser le pollen en liberté. Les lignes de déhiscence sont peu marquées sur les côtés de ces anthères et peuvent même n'occuper qu'une portion de leur hauteur. Au-dessous de la paroi proéminent de grosses et nombreuses cavités, à peu près sphériques, contenant les grains de pollen qui sont mis à nu lorsque la membrane superficielle se détache; ce qu'elle fait quelquefois d'une façon assez régulière. Ces anthères ont souvent été décrites comme « multilocellées ».

3. Leur épaisse enveloppe est double.

tiques, entières, glabres, épaisses et coriaces, accompagnées de grandes stipules interpétiolaires et caduques. Les fleurs [1] sont axillaires, réunies au sommet d'un pédoncule commun en cymes bi- ou tripares et rarement simples, plus ordinairement ramifiées ; elles sont sessiles ou pédicellées, articulées, avec deux bractéoles connées formant une sorte d'involucelle. On admet dans ce genre une demi-douzaine d'espèces [2]; mais peut-être que ce nombre devra être réduit de moitié.

On a séparé du genre *Rhizophora* certaines espèces qui, avec les mêmes organes de végétation, présentent des différences notables dans leurs fleurs. Tels sont les *Ceriops*, qui ont été observés sur la plupart des côtes tropicales de l'Asie, de l'Afrique et de l'Océanie, et qui ont des fleurs

Bruguiera gymnorhiza.

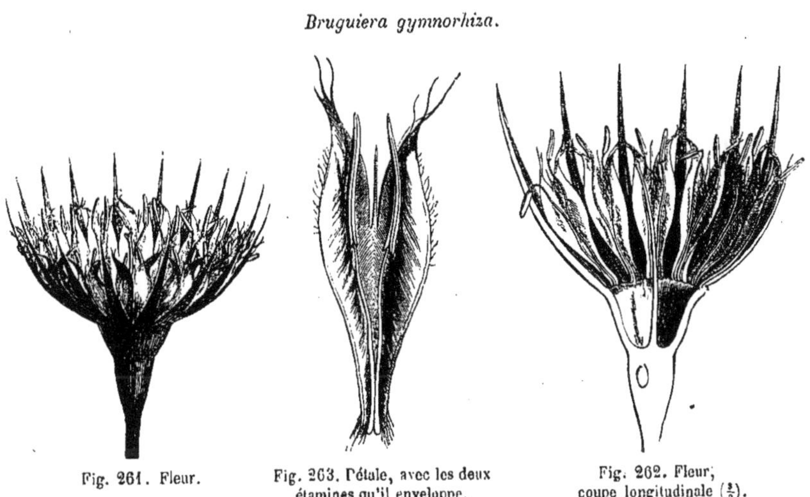

Fig. 261. Fleur. — Fig. 263. Pétale, avec les deux étamines qu'il enveloppe. — Fig. 262. Fleur, coupe longitudinale ($\frac{3}{1}$).

4-6-mères, avec un calice valvaire et des pétales échancrés au sommet et bordés, surtout dans la portion supérieure, de glandes longuement stipitées. Leurs étamines sont, en apparence, superposées par paires à chacun des pétales qui les reçoit dans sa concavité, et l'ovaire infère comprend trois loges incomplètes et biovulées. Les fleurs, peu volumineuses, sont groupées en cymes contractées dont l'ensemble simule un capitule, et sont géminées dans un petit involucre, au sommet d'un pédicelle court et trapu. Les *Bruguiera* (fig. 261-263) étaient aussi jadis des *Rhizophora*.

1. Blanches, coriaces.

2. WIGHT et ARN., *Prodr.*, I, 310. — ARN., in *Ann. Nat. Hist.*, I, 361. — WIGHT, *Icon.*, t. 238. — HARV. et SOND., *Fl. cap.*, I, 513. — OLIV., *Fl. trop. Afr.*, II, 407. — TUL., in *Ann. sc. nat.*, sér. 4, VI, 108. — BENTH., *Fl. austral.*, II, 493. — MIQ., *Fl. ind.-bat.*, I, p. I, 585 ; Suppl., 125, 323. — SEEM., *Fl. vit.*, 91. — GRISEB., *Fl. brit. W.-Ind.*, 274. — WALP., *Rep.*, II, 70 ; *Ann.*, IV, 675.

Ils ont des fleurs construites comme celles des *Ceriops*, mais bien plus grandes, avec des sépales étroits et aigus, au nombre de huit à quinze, un même nombre de pétales oblongs, profondément échancrés au sommet et intérieurement repliés sur eux-mêmes vers leur base, de façon à envelopper étroitement une paire d'étamines à anthères allongées, qui semble superposée à chacun d'eux [1] (fig. 263). L'ovaire infère, adné au fond du réceptacle, est à deux, trois ou quatre loges, plus ou moins complètes, avec deux ovules descendants dans chacune d'elles. Le fruit se comporte comme celui des *Rhizophora*, dont les *Bruguiera* ont aussi les organes de végétation, et les fleurs sont axillaires, solitaires ou en cymes. Ils habitent les mêmes plages maritimes que les *Ceriops*.

Dans le *Kandelia*, qui croît sur les côtes de l'Inde orientale, tout est aussi d'un *Rhizophora* dans les organes de végétation, le fruit, le mode de germination, etc.; mais les fleurs, réunies en petit nombre (en cyme) au sommet d'un pédoncule commun, sont à cinq ou six parties, avec des pétales finement et longuement laciniés sur les bords, et avec un ovaire infère dont les trois loges biovulées communiquent plus ou moins largement entre elles; mais leur androcée est formé d'un nombre indéfini d'étamines à filets grêles et longs et à petites anthères introrses.

II. SÉRIE DES BARRALDEIA.

Dans les fleurs hermaphrodites et régulières des *Barraldeia* [2] (fig. 264-269), la concavité du réceptacle loge l'ovaire infère, tandis que ses bords, garnis intérieurement d'un disque épigyne, formant un double ou triple bourrelet annulaire, supportent le périanthe et l'androcée. Le premier est représenté par un calice valvaire de quatre ou cinq sépales triangulaires et une corolle d'un même nombre de pétales, entiers, bilobés, crénelés ou déchiquetés sur les bords et finalement indupliqués. L'androcée est

1. Mais ce n'est là qu'une apparence, ces deux étamines appartenant à deux verticilles différents et étant rarement presque égales. Plus souvent il y en a une plus petite que l'autre qui primitivement répondait à un sépale et qui s'est ensuite déplacée, comme dans certains *Rhizophora* (voy. p. 286, note 1), et surtout comme dans les *Bruguiera*.

2. DUP.-TH., *Gen. nov. madag.* (1806), 24. — DC., *Prodr.*, I, 732. — *Diatoma* LOUR., *Fl. cochinch.* (ed. 1790), 295 (nec *alior.*). — *Demidofia* DENNST., *Hort. malab.*, IV, 13 (nec *alior.*). — *Carallia* ROXB., *Pl. coromand.*, III (1819), 8, t. 211; *Fl. ind. or.*, II, 481. — R. BR., *Congo*, 437. — DC., *Prodr.*, III, 33. — ENDL., *Gen.*, n. 6102. — BENTH., in *Journ. Linn. Soc.*, III, 67, 74. — H. BN, in *Adansonia*, III, 24, 36; in *Payer Fam. nat.*, 361. — B. H., *Gen.*, 680, n. 5. — *Symmetria* BL., *Bijdr.*, 1130. — *Baraultia* STEUD., *Nom.*, 101. — *Petaloma* DC., *Prodr.*, III, 294. — *Catalium* HAM., mss (ex ENDL.).

formé d'un nombre d'étamines double de celui des pétales, disposées sur deux verticilles et alternant avec un même nombre de lobes du disque. Il y a une étamine en dedans de chaque pétale qui l'enveloppe plus ou moins dans sa concavité, et une étamine dans chaque intervalle de deux

Barraldeia integerrima.

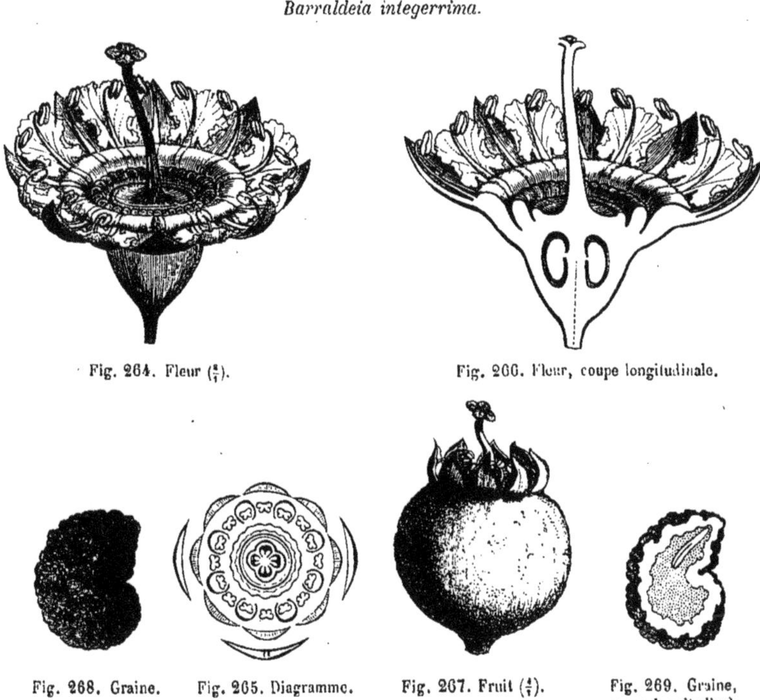

Fig. 264. Fleur ($\frac{8}{1}$).

Fig. 266. Fleur, coupe longitudinale.

Fig. 268. Graine.

Fig. 265. Diagramme.

Fig. 267. Fruit ($\frac{4}{1}$).

Fig. 269. Graine, coupe longitudinale.

pétales [1]. Chacune d'elles est formée d'un filet libre, d'abord incurvé au sommet, et d'une anthère courte, biloculaire, introrse et déhiscente par deux fentes longitudinales. L'ovaire infère, et dont le sommet seulement se dégage dans quelques espèces, est surmonté d'un style grêle dont l'extrémité capitée est partagée en un nombre de lobes stigmatifères égal à celui des loges. Celles-ci varient de deux à cinq, superposées aux pétales quand elles sont en même nombre qu'eux, et renferment chacune deux ovules collatéraux, descendants, complétement ou incomplétement anatropes, avec le micropyle dirigé en haut et en dehors [2]. Le fruit, petit, coriace, surmonté des restes du calice [3], ne renferme généralement qu'une

1. Celle-ci est généralement un peu plus petite que l'étamine oppositipétale.

2. Ils ont double tégument.

3. Ainsi que des étamines et du style.

graine fertile, réniforme, dont les téguments épais recouvrent un albumen charnu, entourant un embryon plus ou moins long et arqué, dont la radicule est supère et dont les cotylédons sont aplatis. On connaît sept ou huit espèces [1] de *Barraldeia*, originaires des régions tropicales de l'Afrique, de l'Asie et de l'Océanie. Ce sont des arbres et des arbustes, à rameaux arrondis, un peu renflés au niveau des feuilles, qui sont opposées, pétiolées, épaisses, entières, glabres, penninerves, entières ou finement dentelées et accompagnées de stipules interpétiolaires, ordinairement peu développées, caduques. Leurs fleurs [2] sont disposées dans l'aisselle des feuilles en cymes bi- ou tripares, ordinairement très-ramifiées.

Tout à côté des *Barraldeia* se placent les *Crossostylis*, qui en sont extrêmement voisins et qui présentent tout à fait les mêmes variations quant au nombre absolu des étamines, avec des fleurs 4- ou 5-mères. Ils se distinguent principalement par leur ovaire, infère seulement en partie, par ses loges en nombre fort variable, plus ou moins incomplètes, biovulées, par leur fruit charnu, puis tardivement loculicide, avec des graines pourvues d'un arille volumineux et d'un embryon droit. Ce sont des arbustes océaniens. Comme ceux des *Barraldeia*, leurs pétales sont tantôt entiers et tantôt plus ou moins déchiquetés. La fleur des *Gynotroches*, arbustes de l'archipel Indien, a les mêmes caractères que celle des genres précédents, avec quatre ou cinq sépales et un androcée diplostémoné, un fruit charnu; mais dans chacune des loges de l'ovaire infère, il y a quatre ovules descendants, disposés par paires; et dans les cymes, il n'y a point de bractéoles connées, formant comme un calicule. Dans les *Pellacalyx*, originaires des mêmes régions, l'ovaire, complétement infère, est surmonté d'un tube réceptaculaire au sommet duquel s'insèrent de quatre à six sépales, un même nombre de pétales alternes (peu développés ou nuls) et un nombre double d'étamines disposées sur deux verticilles. Les loges ovariennes renferment de nombreux ovules descendants.

III. SÉRIE DES MACARISIA.

Longtemps rapportés à d'autres familles, les *Macarisia* [3] (fig. 270, 271) sont le meilleur type de ce groupe, auquel on a souvent donné les

1. WIGHT, *Ill.*, I, t. 90; *Icon.*, t. 604, 605 (*Carallia*). — ARN., in *Ann. Nat. Hist.*, I, 370 (*Carallia*). — THW., *Enum. pl. Zeyl.*, 120 (*Carallia*). — TUL., in *Ann. sc. nat.*, sér. 4, VI, 116 (*Carallia*). — BENTH., *Fl. kongk.*, 110; *Fl. austral.*, II, 495 (*Carallia*). — MIQ., *Fl. ind.-bat.*, I, p. I, 593; Suppl., 126, 326 (*Carallia*). — RHEEDE, *Hort. malab.*, V, t. 13. — WALP., *Rep.*, II, 71; *Ann.*, VII, 951 (*Carallia*).

2. Petites, verdâtres ou blanchâtres, accompagnées de deux bractéoles latérales.

3. *Hist. vég. isl. Afr.*, 49, t. 14. — ENDL., *Gen.*, n. 6890 (*Macharisia*). — H. BN, in *Adansonia*, III, 15, 19, t. 2. — B. H., *Gen.*, 246, 682, n. 12.

noms de Légnotidées et de Cassipourées. Leurs fleurs sont régulières, avec un réceptacle en forme de coupe peu profonde, qui porte sur ses bords cinq sépales, valvaires et légèrement rédupliqués, et cinq pétales alternes, en forme de cuilleron à la base, avec un limbe découpé en lobes inégaux [1]. Les étamines périgynes s'insèrent sur le réceptacle en dedans des pétales; elles sont formées chacune d'un filet libre et d'une anthère biloculaire, introrse, déhiscente par deux fentes longitudinales, infléchie dans le bouton. Cinq d'entre elles sont superposées aux pétales, et cinq, un peu plus courtes, alternes; elles sont séparées les unes des autres par un même nombre de languettes appartenant au disque. Le gynécée, un peu rétréci à sa base, est inséré au fond de la coupe réceptaculaire, mais totalement libre. Il se compose d'un ovaire à cinq loges [2], superposées aux pétales, surmonté d'un style à sommet stigmatifère légèrement capité. Dans l'angle interne de chaque loge se trouve un placenta qui supporte deux ovules collatéraux, descendants, incomplétement anatropes, avec le micropyle extérieur et supérieur. Le fruit est une capsule loculicide qui finit par se partager supérieurement en dix panneaux, et qui laisse échapper dix graines (ou moins) comprimées, surmontées d'une longue aile verticale membraneuse, et renfermant, dans le centre d'un albumen charnu, un embryon allongé, à cotylédons oblongs et à radicule supère.

Macarisia lanceolata.

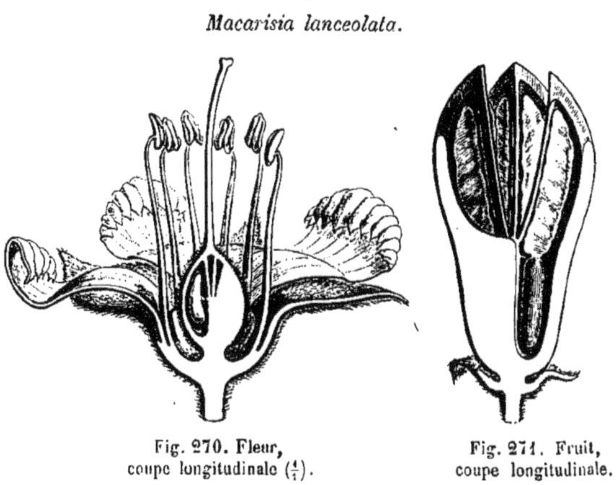

Fig. 270. Fleur, coupe longitudinale ($\frac{4}{1}$).

Fig. 271. Fruit, coupe longitudinale.

Les *Macarisia* sont des arbustes de Madagascar. Leurs feuilles sont opposées, pétiolées, accompagnées de stipules interpétiolaires, à limbe entier ou dentelé, penninerve. Leurs fleurs sont disposées, dans l'aisselle des feuilles, en cymes composées, à pédicelles articulés et accompagnées de deux bractéoles latérales. On en connaît deux espèces [3].

Les *Cassipourea* (fig. 272-274) sont des plantes de l'Amérique tropicale, dont la fleur est construite à peu près comme celle des *Macarisia*, mais

1. Imbriqués entre eux.

2. Un peu incomplètes au-dessus des ovules.

3. H. Bn, *loc. cit.*, 20. — Walp., *Ann.*, VII, 952.

un peu plus compliquée. Ses pétales, au nombre de quatre ou cinq, sont spathulés et profondément laciniés, et ses étamines sont au nombre de quinze à trente. Dans son ovaire à base rétrécie se trouvent trois ou quatre

Cassipourea elliptica.

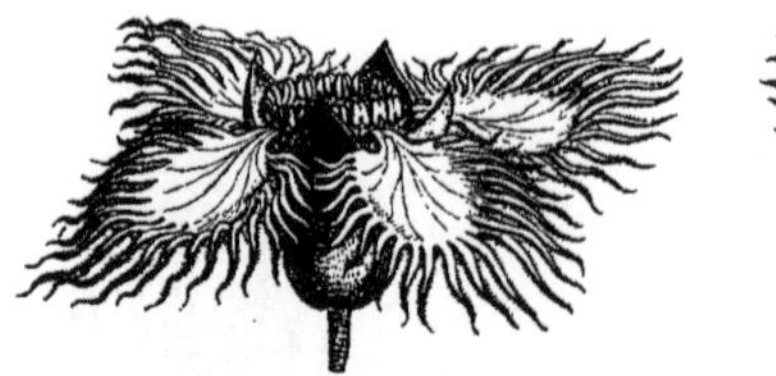

Fig. 272. Fleur ($\frac{4}{1}$).

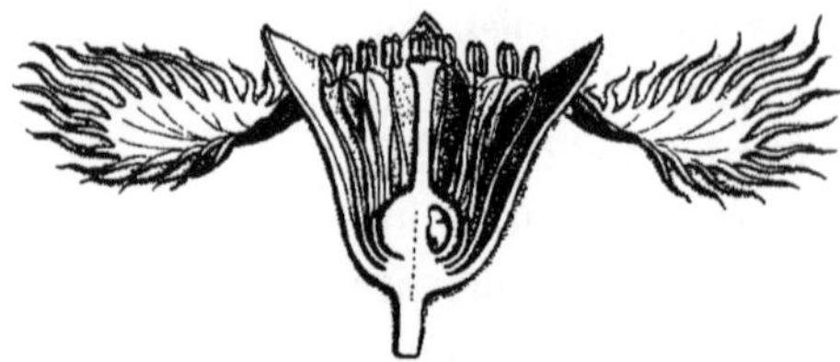

Fig. 273. Fleur, coupe longitudinale.

loges biovulées; et le fruit, sphérique ou ovoïde, épais et plus ou moins charnu, finit par s'ouvrir suivant les cloisons. Les graines albuminées sont plus ou moins anguleuses, mais non ailées. Dans l'ancien monde, les *Cassipourea* ont leurs analogues dans trois genres qui ne sont qu'à peine distincts. Ce sont : les *Dactylopetalum*, originaires de l'Afrique tropicale occidentale et de Madagascar, et qui ont des fleurs pentamères, avec dix ou quinze étamines, et un ovaire à deux ou trois loges incomplètes; le *Blepharistemma*, arbuste de l'Inde, qui a une fleur de *Cassipourea*, tétramère et diplostémonée, avec un ovaire à trois loges biovulées; et les *Weihea* qui habitent Ceylan et les mêmes régions que les *Dactylopetalum*, et ont l'androcée des *Cassipourea*, mais qui ont l'ovaire inséré au fond du réceptacle par une large base, plus ou moins adnée, et dont les fleurs, solitaires ou réunies en cymes plus ou moins composées, sont accompagnées de deux bractéoles connées formant une sorte de calicule.

Cassipourea elliptica.

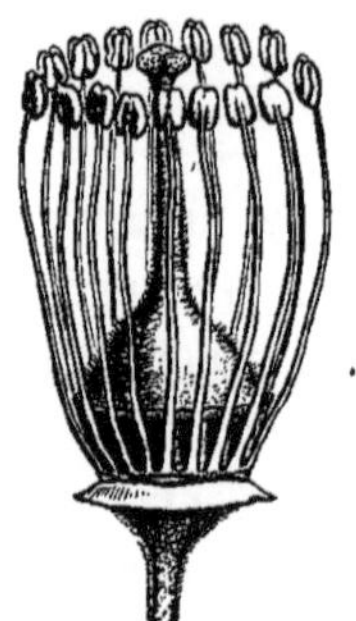

Fig. 274. Fleur, le périanthe enlevé.

IV. SÉRIE DES ANISOPHYLLEA.

Dans ce genre, qui a été rapporté à des familles bien différentes[1] et qui doit son nom[2] à la singulière particularité que présentent ses feuilles,

1. Les Hamamélidées, Cunoniées, etc.

2. *Anisophyllea* R. Br., in *Trans. Hort. Soc.*, V, 446. — H. Bn, in *Payer Fam. nat.*, 361. — Oliv., in *Trans. Linn. Soc.*, XXIII,

les fleurs sont polygames (fig. 275, 276) et ont un réceptacle dont la configuration varie beaucoup suivant qu'elles réunissent les deux sexes ou qu'elles sont simplement mâles. En effet, quand elles sont hermaphrodites ou femelles, l'ovaire doit se loger dans une poche tubuleuse, obconique ou ovoïde que lui forme la cavité réceptaculaire et qui dispa-

Anisophyllea disticha.

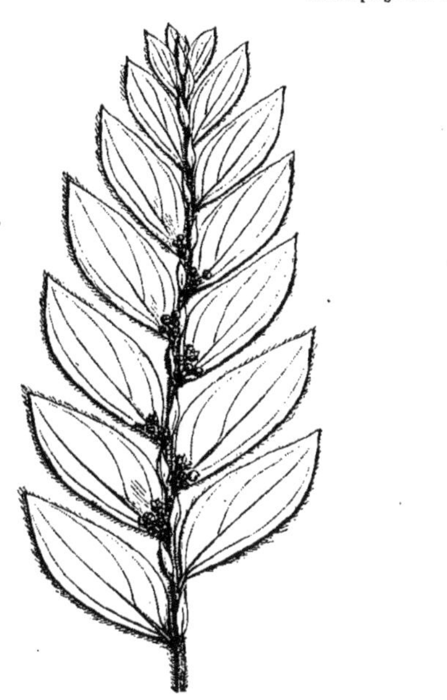

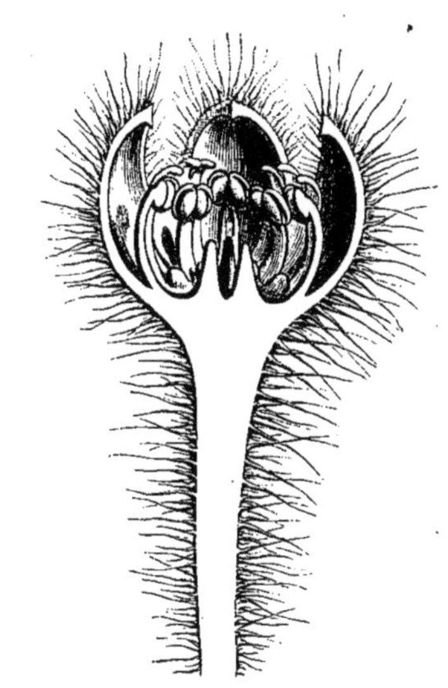

Fig. 275. Rameau florifère.

Fig. 276. Fleur mâle, coupe longitudinale ($\frac{1}{18}$).

raît quand il n'y a plus de gynécée à envelopper. Le calice épigyne est formé de quatre sépales triangulaires, assez épais, valvaires, et la corolle, d'un même nombre de pétales alternes. Ceux-ci sont souvent épais et charnus, quelquefois petits et entiers, ou bien légèrement échancrés au sommet, bilobés ou découpés en un nombre variable de lobes inégaux. L'androcée est diplostémoné, et ses huit pièces, superposées, quatre aux sépales, et quatre aux pétales, sont alternes avec un même nombre de lobes du disque épigyne. Elles sont formées chacune d'un filet libre, subulé, épaissi et souvent comprimé vers la base, et d'une anthère introrse, biloculaire, déhiscente par deux fentes longitudinales, qui peut être réduite à une petite masse stérile, d'aspect glanduleux, dans les

460. — B. H., *Gen.*, 683, n. 16. — *Anisophyllum* DON, ex *Hook. Niger Fl.*, 342, 575 (nec HAW.). — BENTH., in *Journ. Linn. Soc.*, III, 72. — H. BN, in *Adansonia*, III, 22, 36. — *Tetracrypta* GARDN. et CHAMP., in *Hook. Kew Journ.*, I, 314.

étamines oppositipétales, ou même disparaître tout à fait. Dans l'angle interne de chaque loge ovarienne, il y a un ovule descendant, anatrope, avec le micropyle supérieur et extérieur. Le fruit, surmonté du calice ou de sa cicatrice, est oblong, légèrement charnu ou coriace, à surface lisse ou parcourue de côtes longitudinales[1], et renferme une graine descendante dont les téguments recouvrent un embryon charnu, macropode, à radicule supère, en forme de massue épaisse et à gemmule formée d'un assez grand nombre de petites feuilles disposées en séries verticales. Les *Anisophyllea*, dont on connaît déjà sept ou huit espèces[2], sont des arbres et des arbustes de la plupart des régions tropicales de l'ancien monde; on les a observés dans l'Inde, dans la Malaisie, à Madagascar et dans l'Afrique tropicale occidentale. Leurs feuilles sont alternes, distiques, sans stipules, alternativement petites et réduites à des languettes stipuliformes, et grandes, ovales ou lancéolées, parfois obliques à la base (ce qui leur donne une forme de parallélogramme ou de trapèze), entières, coriaces, présentant souvent une teinte jaune sur les échantillons desséchés, penninerves et irrégulièrement ou régulièrement 3-7-nerves à la base. Les fleurs sont axillaires (fig. 275), petites et disposées en épis simples, avec ou sans bractéoles.

Les différents groupes réunis dans cette petite famille devaient être placés bien loin les uns des autres, et l'ont été, en effet, alors qu'on mettait strictement en pratique les principes de la méthode de A. L. DE JUSSIEU. Les Cassipouréées connues étaient, on le sait, des plantes sensiblement hypogynes, tandis que les vraies Rhizophorées et les *Carallia* avaient un ovaire en grande partie infère, avec des étamines périgynes ou épigynes. C'est R. BROWN[3] qui, en 1814, donna à une famille distincte[4] le nom des *Rhizophora*, rapportés avant lui aux Caprifoliées. Les Cassipourées étaient placées en 1846 par LINDLEY[5] à la suite des Loganiacées, quoiqu'il ne méconnût pas les affinités indiquées pour elles par R. BROWN avec les Mangliers. Les *Anisophyllea* avaient, d'autre part, été considérés comme voisins des Saxifragacées. ENDLICHER[6]

1. Dans le *Combretocarpus Motleyi* HOOK. F. (*Gen.*, 683, n. 17), petit arbre de Bornéo, ces côtes sont plus saillantes et développées en trois ou quatre ailes verticales, en même temps que les filets staminaux sont plus étroits que dans les *Anisophyllea* dont le *Combretocarpus* n'est peut-être pas génériquement distinct.

2. JACK, in *Mal. Misc.*; in *Calc. Journ.*, IV, 336 (*Haloragis*). — MIQ., *Fl. ind.-bat.*, I, p. I, 596 (*Anisophyllum*). — THW., in *Hook. Journ.*, V, 378, t. 5 (*Tetracrypta*); *Enum. pl. Zeyl.*, 119. — OLIV., *Fl. trop. Afr.*, II, 412. — H. BN, in *Adansonia*, XI, 310. — WALP., *Ann.*, II, 530 (*Anisophyllum*).

3. In *Flind. Voy.*, II, 549; *Congo*, 437.

4. Déjà en 1796, SAVIGNY (in *Lamk Dict.*, IV, 696) avait formé une petite famille distincte sous le nom de *Palétuviers*.

5. *Veg. Kingd.*, 604.

6. *Gen.*, 1186 (*Legnotideæ*).

néanmoins rattache, en 1840, les Cassipourées aux Rhizophorées[1] ; il n'y a plus, pour lui comme pour LINDLEY, que le genre *Crossostylis* de FORSTER qui soit rejeté vers une autre famille, celle des Myrtacées. Après bien des travaux particuliers, dus notamment à BLUME, ARNOTT, KORTHALS et M. A. GRAY, les Cassipourées, considérées comme tribu des Rhizophoracées, furent, en 1858, l'objet d'un mémoire spécial de M. BENTHAM[2], qui réunit dans ce groupe les neuf genres *Carallia*, *Pellacalyx*, *Haplopetalum*, *Gynotroches*, *Crossostylis*, *Anstrutheria*, *Blepharistemma*, *Dactylopetalum* et *Cassipourea*. Les Rhizophorées, d'autre part, comprenaient depuis les travaux de WIGHT et ARNOTT[3], les quatre genres *Rhizophora*, *Bruguiera*, *Ceriops* et *Kandelia*. En 1862, nous[4] reconnûmes que le genre *Macarisia* de DUPETIT-THOUARS, rapporté à diverses familles, notamment aux Rhamnacées, aux Méliacées, aux Linacées[5], était voisin des *Cassipourea ;* que les *Anisophyllea* présentaient les plus grandes analogies florales avec les *Carallia ;* que les *Anstrutheria* appartenaient à l'ancien genre *Weihea* de SPRENGEL, et que certains *Crossostylis*[6] ne différaient pas génériquement de l'*Haplopetalum* de M. A. GRAY. Aujourd'hui, nous croyons pouvoir rapporter le *Plœsiantha* de M. J. HOOKER au genre *Pellacalyx* comme type apétale, et nous rendons au *Carallia* son nom primitif de *Barraldeia*, qui date de 1806. Par conséquent, nous ne conservons provisoirement, dans cette famille, que quatorze genres, distribués dans quatre séries de la manière suivante :

I. RHIZOPHORÉES. — Réceptacle concave et ovaire en partie ou en totalité infère. Style unique. Graine sans albumen, à embryon macropode, germant dans le fruit et sur l'arbre. — Arbres des rivages de la mer, à feuilles opposées, entières, à stipules interpétiolaires. — 4 genres.

II. BARRALDEIÉES. — Réceptacle concave et ovaire en partie ou en totalité infère. Style unique. Graine pourvue d'un albumen qui entoure l'embryon ne germant pas dans le fruit. — Arbres et arbustes, à feuilles opposées, généralement entières, à stipules interpétiolaires. — 4 genres.

III. MACARISIÉES[7]. — Réceptacle concave ou convexe et ovaire libre, sessile ou brièvement stipité. Graine albuminée, arillée ou ailée. —

1. *Op. cit.*, 1184, Ord. 263. — DC., *Prodr.*, III, 31.— *Rhizophoraceæ* LINDL., *op. cit.*, 726, Ord. 279.

2. *Synopsis of* Legnotideæ, *a tribe of* Rhizophoraceæ (in *Journ. Linn. Soc.*, III, 65).

3. In *Ann. Nat. Hist.*, I, 359.

4. In *Adansonia*, III, 15.

5. PL., ex B. H., *Gen.*, 246.

6. Notamment le *C. multiflora* AD. BR. et GR., espèce néo-calédonienne.

7. *Legnotideæ* BARTL., *Ord. nat.* — ENDL., *Gen.*, 1186. — *Cassipoureæ* MEISSN., *Gen.*, 119. — LINDL., *Veg. Kingd.* (1846), 604.—J. G., AG. *Theor. Syst. plant.*, 246.

Arbres et arbustes, à feuilles opposées, entières ou dentelées, à stipules interpétiolaires. — 5 genres.

IV. Anisophylléées [1]. — Réceptacle concave et ovaire infère. Styles distincts. Fleurs polygames. Graine sans albumen, à embryon macropode. — Arbustes à feuilles alternes, ou alternativement grandes et très-petites. Fleurs en épis ou en grappes axillaires. — 1 genre.

Ces quatorze genres comprennent une cinquantaine d'espèces qui toutes, sauf un *Rhizophora* et deux ou trois *Cassipourea*, appartiennent à l'ancien monde. Les *Crossostylis* sont tous océaniens. On n'a rencontré les *Macarisia* qu'à Madagascar, et les *Dactylopetalum* sont à la fois de cette île et de l'Afrique tropicale occidentale. Les *Weihea* sont aussi des mêmes régions, sauf une seule espèce qui habite Ceylan. Le *Blepharistemma* est indien, de même que le *Kandelia*. Les *Pellacalyx* et *Gynotroches* appartiennent à la Malaisie. Les *Anisophyllea* ont été observés à la fois dans l'Asie et l'Océanie tropicales, à Madagascar et à l'ouest de l'Afrique tropicale; les *Barraldeia*, à Madagascar, dans l'Asie et l'Océanie tropicales. Quant aux genres de la série des Mangliers, ils sont formés d'espèces qui toutes, sauf le *Rhizophora Mangle*, croissent en abondance sur les bords des mers tropicales de l'ancien monde. Ce sont les plus connus et les plus communs des Palétuviers; car ce nom s'applique souvent aussi à beaucoup d'autres végétaux de familles très-diverses qui croissent avec eux et de la même façon sur les plages inondées, tels que les *Avicennia*, les *Ægiceras*, les *Conocarpus*, les *Lumnitzera*, etc., et qui, enfonçant dans la vase les nombreuses et longues racines adventives qui supportent leurs tiges, constituent des forêts aquatiques [2], souvent très-denses, servant d'asile à une foule d'animaux marins, et considérées dans la plupart des pays tropicaux comme des foyers dangereux d'affections miasmatiques.

Ces plantes ont des affinités multiples, d'une part avec certaines familles à gynécée libre, comme est celui des Macarisiées, et, d'autre part, avec des groupes dont l'ovaire est, comme celui des *Rhizophora*, infère et adné à la cavité du réceptacle. Les Loranthées, Onagrariées et Cornacées, auxquelles on les avait autrefois rapportées ou comparées, sont précisément dans ce cas, mais se distinguent: les premières par leur périanthe simple et l'organisation de leur gynécée; les dernières par un

1. *Anisophylleæ* B. H., *Gen.*, 678.

2. « Regionem peculiarem formant. » (Endl.)

grand nombre de traits, mais principalement par ce fait que leurs ovules, lorsqu'ils sont descendants et en nombre défini, ont le micropyle intérieur, et non extérieur comme celui des Rhizophoracées. Par leurs feuilles opposées et leur ovaire infère, ces dernières sont très-voisines des Myrtacées dont elles se séparent par leurs stipules et par le nombre généralement défini de leurs étamines et de leurs ovules. De plus, ceux-ci sont toujours descendants, avec le micropyle extérieur. Ce caractère se retrouve dans les Araliacées, dont la fleur, analogue à celle des Rhizophorées par la forme du réceptacle, la corolle épaisse, souvent valvaire, a un androcée presque toujours isostémoné, inséré au-dessous d'un disque épigyne, en même temps que les graines ont un petit embryon situé vers le sommet d'un abondant albumen, et que les feuilles sont ordinairement alternes et souvent composées. Quant aux genres de Rhizophoracées dont l'ovaire est libre [1], sans que le réceptacle cesse d'être plus ou moins concave, ils se rapprochent des Lythrariacées, dont ils offrent souvent le port, l'inflorescence, le style unique, mais qui n'ont généralement ni stipules interpétiolaires, ni feuilles ponctuées, ni disque indépendant et proéminant à sa partie supérieure, ni pétales épais et valvaires, ni albumen dans les graines. Les Rhizophoracées ont encore été considérées comme alliées aux Saxifragacées, notamment aux Hamamélidées, parmi lesquelles avait été placé le genre *Anisophyllea*, et aux Cunoniées à feuilles opposées. Mais cette affinité nous paraît assez éloignée; elle ne peut guère être invoquée pour les genres à placentas pariétaux, à styles indépendants, à ovules nombreux et peu volumineux, insérés sur un placenta saillant ou descendant et plus ou moins bilobé. En somme, les Rhizophoracées nous paraissent voisines à la fois des Myrtacées, des Lythrariacées et des Cornacées, mais il est toujours facile de les en distinguer.

USAGES [2]. — Ils sont peu nombreux. Ce sont, en général, des plantes astringentes, assez riches en tannin, et par suite employées quelquefois par les teinturiers et les tanneurs. Le *Rhizophora Mangle* [3] (fig. 253-260) est dans ce cas. Son écorce sert, dans l'Amérique tropicale, à teindre en

1. LINDLEY place, je ne sais pourquoi, les Cassipourées à côté des Loganiacées.

2. ENDL., *Enchirid.*, 634. — LINDL., *Veg. Kingd.* (1846), 727. — ROSENTH., *Syn. pl. diaphor.*, 904, 1157.

3. L., *Spec.*, 634. — JACQ., *Amer.*, 141, t. 89. — CATESB., *Carol.*, II, t. 53. — DC., *Prodr.*, III, 32, n. 1 (*Manglier noir*, *Palétuvier noir*). Son fruit est nommé vulgairement *Mange* ou *Mangle*.

noir et en brun. Elle est employée en médecine au traitement des flux, des hémorrhagies, des angines. Le fruit est, dit-on, comestible, et sert à préparer une sorte de vin fermenté. Au Brésil et en Colombie, on pratique des incisions au tronc, et l'on recueille ainsi un suc rougeâtre qui, séché au soleil, constitue une sorte de faux sang-dragon, assez souvent introduit en Europe comme Kino d'Amérique et ayant les mêmes qualités astringentes que celui de l'Inde[1]. Le bois[2] de cette espèce est assez dur et durable. Divers Mangliers de l'ancien monde (dont plusieurs sont à peine spécifiquement distincts) ont des propriétés tout à fait analogues, notamment les *R. apiculata* et *mucronata*[3]. Les *Bruguiera* de l'Inde, principalement le *B. gymnorhiza*[4] (fig. 261-263) et les *B. Rheedii, Rumphii, cylindrica, parviflora*, servent aux mêmes usages. Le *Kandelia Rheedii*[5] est aussi employé en médecine comme astringent. Les feuilles de plusieurs *Barraldeia* indiens, entre autres des *B. corymbosa* et *integerrima*[6] (fig. 264-269), servent au traitement des aphthes, des stomatites et des angines. A Sierra-Leone, le fruit de l'*Anisophyllea laurina*[7] se vend au printemps sur les marchés; il est de la grosseur d'un œuf de pigeon et comestible. Sauf les *Barraldeia*, les plantes de ce groupe se voient rarement dans nos serres. Les *Rhizophora* n'y croissent qu'avec peine et n'y prennent d'ordinaire que peu de développement.

1. GUIB., *Drog. simpl.*, éd. 6, III, 434.
2. Vulg. *Herse-flesh.*
3. LAMK, *Dict.*, VI, 169; *Ill.*, t. 396, fig. 2. — *R. candelaria* WIGHT et ARN., *Prodr.*, I, 310 (nec DC.). — *Mangium candelarium* RUMPH., *Herb. amboin.*, III, 108, t. 71, 72 (ex BL.). Les graines de cette espèce et de quelques autres servent assez fréquemment de masticatoire, au lieu de la poudre d'Arec, et se mélangent dans ce but au bétel. Dans l'Inde et aux Moluques, on frotte les cordes avec des feuilles de Manglier pour les rendre plus durables.
4. LAMK, *Ill.*, t. 397.— *Rhizophora gymnorhiza* L., *Spec.*, 634. — DC., *Prodr.*, n. 10 (*Palétuvier des Indes*).
5. Voy. p. 300, note 8. Son écorce est fébrifuge. Les pêcheurs l'appliquent comme remède sur les piqûres de certains poissons et autres animaux venimeux. Son fruit est comestible, et son bois sert à construire des barques.
6. *Carallia integerrima* DC., *Prodr.*, III, 33. — *C. zeylanica* ARN., in *Ann. Nat. Hist.*, I, 371. — *C. corymbosa* ARN., *loc. cit.* — *C. sinensis* ARN., *loc. cit.* — *C. timorensis* BL. — *C. octopetala* F. MUELL. — *Pootsia coreopsifolia* MIQ.
7. R. BR., in *Trans. Hort. Soc.*, V, 446. — OLIV., *Fl. trop. Afr.*, II, 413. — *Anisophyllum laurinum* DON. — BENTH., *Niger*, 342 (*Monkey Apple*).

GENERA

I. RHIZOPHOREÆ.

1. **Rhizophora** L. — Flores regulares; receptaculo concavo obconico, intus discifero. Sepala 4, margini receptaculi inserta, coriacea, valvata. Petala 4, alterna, valvata. Stamina 8, quorum oppositipetala 4, longiora (v. rarius 12); filamentis cum perianthio perigynis, brevibus v. subnullis; antheris elongatis acutatis, demum 2-valvibus; antherarum sulcis lateralibus v. subintrorsis, nunc incompletis; loculis areolato-multilocellatis. Germen semi-inferum, 2-loculare, vertice in conum productum; stylo subulato, sæpe brevi, apice stigmatoso 2-dentato. Ovula in loculis 2-na, collateraliter descendentia; micropyle extrorsum supera. Fructus sub medio calyce persistente reflexo cinctus, coriaceus, indehiscens. Semen 1, descendens; embryonis exalbuminosi cotyledonibus conferruminatis; radicula seminis intra fructum in arbore persistentem germinantis apicem pericarpiique perforante, elongato-clavata limumque petente. Arbores v. arbusculæ, sæpius glabræ; ramis crassis cicatrisatis; foliis oppositis, petiolatis, coriaceis integris glabris; stipulis interpetiolaribus, caducis; floribus in cymas axillares pedunculatas, ramoso-2-3-chotomas, dispositis; pedicello bracteolis lateralibus in cupulam connatis basi cincto. (*Orbis totius reg. trop. litt.*) — *Vid. p.* 284.

2. **Ceriops** Arn.[1] — Flores fere *Rhizophoræ*[2], 5-6-meri; petalis[3] basi disci carnosi 10-12-lobi insertis. Stamina 10-12; oppositipetala longiora[4]; filamentis gracilibus, cum lobis disci alternantibus; antheris

1. In *Ann. Nat. Hist.*, I, 363. — Endl., *Gen.*, n. 6099. — H. Bn, in *Adansonia*, III, 33. — B. H., *Gen.*, 679, n. 2.

2. Plerumque multo minores.

3. Emarginatis; lobis setulis clavatis appendiculatis.

4. Petalis demum 2-natim opposita (cujus dispos. de ratione cfr *Bull. Soc. Linn. Par.*, 58).

oblongis. Germen semi-inferum, 2-3-loculare; loculis 2-ovulatis; stylo apice simplici subulato. Fructus cæteraque *Rhizophoræ;* semine ut in *Rhizophoris* germinante. — Arbores; foliis oppositis stipulisque *Rhizophoræ;* floribus subcapitatis, 2-3-chotome cymoso-glomerulatis. (*Asia*, *Africa et Oceania trop.*[1])

3. **Bruguiera** LAMK[2]. — Flores fere *Rhizophoræ*, 8-14-meri; petalis setigeris, 2-lobis singulisque stamina 2-na[3] amplectentibus. Stamina 16-28; filamentis demum a petalis elastice resilientibus; antheris introrsis lineari-oblongis. Germen inferum, 2-4-loculare; stylo apice minute 2-4-fido; ovulis cæterisque *Rhizophoræ*. Fructus turbinatus, calyce accreto coronatus; semine ut in *Rhizophora* germinante. — Arbores; foliis et stipulis *Rhizophoræ;* floribus[4] axillaribus solitariis v. cymosis paucis, nutantibus. (*Asia*, *Africa et Oceania trop. litt.*[5])

4. **Kandelia** WIGHT et ARN.[6] — Flores fere *Rhizophoræ*, 5-6-meri; Stamina ∞; filamentis capillaribus; antheris oblongis. Germen sub-1-loculare; ovulis 6, placentæ columnari (in ovario 1-loculari) 2-natim insertis, descendentibus; stylo apice 3-fido. Cætera *Rhizophoræ*. — Arbuscula; foliis oppositis stipulisque interpetiolaribus *Rhizophoræ;* floribus[7] cymosis pedunculatis axillaribus paucis. (*India or. litt.*[8])

II. BARRALDEIEÆ.

5. **Barraldeia** DUP.-TH. — Flores hermaphroditi; receptaculo valde concavo. Sepala 4-8, margini inserta, valvata. Petala totidem, subinte-

1. Spec. 1, 2. WIGHT, *Icon.*, t. 240. — MIQ., *Fl. ind.-bat.*, I, p. I, 590; Suppl., 126, 324. — BENTH., *Fl. hongk.*, 120; *Fl. austral.*, II, 493. — THW., *Enum. pl. Zeyl.*, 120. — TUL., in *Ann. sc. nat.*, sér. 4, VI, 111. — OLIV., *Fl. trop. Afr.*, II, 408. — WALP., *Rep.*, II, 70; *Ann.*, II, 527; VII, 950.

2. *Dict.*, IV, 696; *Ill.*, t. 397. — ENDL., *Gen.*, n. 6101. — H. BN, in *Payer Fam. nat.*, 360. — B. H., *Gen.*, 679, n. 4. — *Kanilia* BL., *Mus. lugd.-bat.*, I, 140. — *Paletuveria* DUP.-TH. (ex ENDL.).

3. Stamine alternipetalo plerumque breviore et in floribus tantum adultis petalo interiore.

4. Majusculis v. parvis, articulatis.

5. Spec. 5, 6. GÆRTN., *Fruct.*, I, 213, t. 45, fig. 2 (*Rhizophora*). — DC., *Prodr.*, III, 32, n. 9, 10 (*Rhizophora*). — GRIFF., *Ic.*, IV, t. 641. — HOOK., *Ic.*, t. 397, 398. — WIGHT, *Ic.*, t. 239. — ARN., in *Ann. Nat. Hist.*, I, 365. — MIQ., *Fl. ind.-bat.*, I, p. I, 585; Suppl., 126, 324. — TUL., in *Ann. sc. nat.*, sér. 4, VI, 113. — BENTH., *Fl. austral.*, II, 494. — HARV. et SOND., *Fl. cap.*, II, 514. — THW., *Enum. pl. Zeyl.*, 120. — OLIV., *Fl. trop. Afr.*, II, 409. — WALP., *Rep.*, II, 70; *Ann.*, II, 528; VII, 951.

6. *Prodr.*, I, 310. — ARN., in *Ann. Nat. Hist.*, I, 365. — ENDL., *Gen.*, n. 6100. — H. BN, in *Payer Fam. nat.*, 361. — B. H., *Gen.*, 679, n. 3.

7. Petalis multifido-laceris, albis, majusculis.

8. Spec. 1. *K. Rheedii* WIGHT. et ARN., *op. cit.*, 311. — WIGHT, *Ill.*, I, t. 89. — BENTH., *Fl. hongk.*, 110. — MIQ., *Fl. ind.-bat.*, I, p. I, 585. — HOOK., *Icon.*, t. 362. — *Rhizophora Kandel* L., *Spec.*, 634. — DC., *Prodr.*, III, 32. — *Tsjerou Kandel* RHEED., *Hort. malab.*, VI, t. 35.

gra v. 2-fida, serrata v. lacera. Stamina numero 2-plo plura, 2-seriata sub disco epigyno simplici v. 2-plici, 8-16-lobo, inter filamenta prominulo inserta liberaque; antheris introrsum 2-rimosis. Germen omnino v. ex parte inferum; loculis 3-6; stylo ad apicem stigmatosum varié 3-6-lobo. Ovula in loculis 2, descendentia; micropyle extrorsa. Fructus calyce plerumque coronatus, globosus coriaceus. Semen globosum v. reniforme; albumine carnoso; embryonis axilis plus minus incurvi radicula supera. — Arbores v. frutices glabri; foliis oppositis petiolatis glabris, integris v. serrulatis; stipulis interpetiolaribus, caducis; floribus parvis in cymas compositas dispositis; pedicellis articulatis, minute 2-bracteolatis. (*Asia*, *Oceania trop.*, *Malacassia.*) — *Vid. p.* 288.

6. **Crossostylis** FORST.[1] — Flores fere *Barraldeiæ;* receptaculo breviter obconico v. obpyramidato. Sepala 4, 5, 3-angularia, valvata. Petala totidem lacera v. rarius subintegra (*Haplopetalum*[2]). Stamina 8-10, v. sæpius 12-∞[3], cum lobis disci totidem[4] alternantia; antheris introrsis. Germen basi receptaculo adnatum, cæterum liberum; stylo apice stigmatoso infundibuli-capitato ibique reflexo- ∞ -lobato. Ovula in loculis 4-∞ (valde incompletis) 2-na, columnæ centrali[5] per paria inserta descendentia; micropyle extrorsum supera. Fructus vix v. plus minus alte receptaculo adnatus calyceque coronatus, vix v. tarde septicidus. Semina ∞, arillo carnoso munita; albumine carnoso; embryonis sæpius recti[6] cotyledonibus anguste ovatis. — Arbusculæ v. frutices; foliis oppositis; stipulis cæterisque *Barraldeiæ;* floribus[7] axillaribus pedunculatis, 2-nis v. cymosis ∞. (*Oceania*[8].)

7. **Gynotroches** BL.[9] — Flores fere *Barraldeiæ*, 4-5-meri. Stamina 8-10, disci margini inserta; antheris parvis sub-2-dymis. Germen ex parte inferum; loculis 4-6; stylo depresse capitato. Ovula in loculis 4,

1. *Char. gen.*, 87, t. 44. — J., *Gen.*, 432. — LAMK, *Dict.*, II, 193. — DC., *Prodr.*, III, 296. — ENDL., *Gen.*, n. 6336. — BENTH., in *Journ. Linn. Soc.*, III, 77. — H. BN, in *Adansonia*, III, 31, 40; in *Payer Fam. nat.*, 361. — B. H., *Gen.*, 681, n. 10. — *Tomostyles* MONTROUS., in *Mém. Acad. Lyon*, X, 201.

2. A. GRAY, in *Unit. St. expl. Exp.*, *Bot.*, I, 608, t. 76; in *Seem. Bonpl.* (1862), 36. — BENTH., in *Journ. Linn. Soc.*, III, 76. — H. BN, in *Adansonia*, III, 29.

3. Quorum majora 4, 5, oppositipetala; cæteris a medio petali ad marginem minoribus; minimis sæpe oppositisepalis.

4. Sæpe pro staminodiis habitis.

5. Rudimenta septorum plerumque vix prominula v. inconspicua gerenti.

6. Nunc viridis.

7. Magnis v. minutis, albis.

8. Spec. ad 5. GUILLEM., in *Ann. sc. nat.*, sér. 2, VII, 354. — A. GRAY, *loc. cit.*, 610, t. 77. — SEEM., *Fl. vit.*, 428. — BR. et GR., in *Bull. Soc. bot. Fr.*, VIII, 376; in *Ann. sc. nat.*, sér. 5, XIII, 393.

9. *Bijdr.*, 218; *Mus. lug.-bat.*, I, 126, t. 31. — BENTH., in *Journ. Linn. Soc.*, III, 76. — H. BN, in *Adansonia*, III, 30, 40; in *Payer Fam. nat.*, 362. — B. H., *Gen.*, 681, n. 9. — *Dryptopetalum* ARN., in *Ann. Nat. Hist.*, I, 372. — ENDL., *Gen.*, n. 6103.

2-seriatim descendentia [1]. Fructus baccatus, ∞-spermus; seminibus cæterisque *Barraldeiæ*. — Arbores v. arbusculæ; foliis oppositis; stipulis interpetiolaribus, caducis; floribus [2] axillaribus cymosis, articulatis, ebracteolatis. (*Arch. ind.* [3])

8. **Pellacalyx** Korth. [4] — Flores ebracteolati; receptaculo tubuloso v. subcampanulato, ultra germen adnatum producto intusque disco tubuloso vestito. Sepala 4-6, summo tubo inserta parva, 3-angularia, valvata, recurva. Petala parva, inter sepala inserta, apice tenuiter lacera [5], v. nunc 0 (*Plæsiantha* [6]). Stamina petalorum numero 2-plo plura, sub apice tubi inserta, 2-seriata. Germen inferum; loculis 6-10, completis v. incompletis; stylo erecto, apice capitato-disciformi. Ovula in loculis ∞. Fructus carnosus; seminibus ∞, albuminosis [7]. — Arbusculæ; foliis oppositis petiolatis, oblongis integris v. serrulatis; stipulis caducis; floribus axillaribus solitariis v. glomerulatis. (*Arch. Ind.* [8])

III. MACARISIEÆ.

9. **Macarisia** Dup.-Th. — Flores hermaphroditi; receptaculo cupulari, intus disco vestito. Sepala 5, margini inserta, 3-angularia, valvata, reflexa. Petala 5, sub disco 10-dentato inserta; lobis inæqualibus involutis. Stamina 10, 2-seriata, cum dentibus disci alternantia; antheris introrsis, 2-rimosis. Germen fundo receptaculi insertum, breviter stipitatum, liberum, 5-loculare; loculis oppositipetalis, superne incompletis; stylo apice capitellato. Ovula in loculis 2, collateraliter descendentia; micropyle extrorsum supera. Fructus capsularis, basi receptaculo vix aucto cinctus, oblongo-5-gonus, loculicide 5-valvis v. incomplete 10-valvis. Semina in loculis 2, descendentia; testa superne in alam producta; albumine carnoso; embryonis elongati cotyledonibus oblongis; radicula supera. — Arbusculæ; foliis oppositis petiolatis, oblongo-lanceolatis integris v. denticulatis; stipulis interpetiolaribus; floribus axil-

1. Superiora juniora.
2. Parvis, « flavo-viridulis », articulatis.
3. Spec. 2. Wall., *Cat.*, n. 4338 (*Microtropis*). — Miq., *Fl. ind.-bat.*, I, p. I, 592; Suppl., 126, 326; in *Ann. Mus. lugd.-bat.*, II, 67. — Walp., *Ann.*, VII, 951.
4. In *Ned. Tijdschr.*, III, 20, t. 2. — Griff., *Notul.*, IV, 429, t. 486. — Benth., in *Journ. Linn. Soc.*, III, 75. — H. Bn, in *Adansonia*, III, 31. — B. H., *Gen.*, 680, n. 6.
5. Sect. *Eupellacalyx*.
6. Hook. f., *Gen.*, 681, n. 8.
7. Embryone elongato, virescente.
8. Spec. 2. Miq., *Fl. ind.-bat.*, Suppl., 126, 325; *Ann. Mus. lugd-bat.*, II, 67. — Walp., *Ann.*, VII, 951.

laribus composito-cymosis; pedicellis articulatis, 2-bracteolatis. (*Madagascaria.*) — *Vid. p.* 290.

10. **Cassipourea** AUBL.[1] — Flores fere *Macarisiæ*, 4-5-meri. Stamina[2] 15-30, margini disci inserta, discus cæteraque *Macarisiæ*. Germen brevissime stipitatum v. subsessile; loculis 3, 4, 2-ovulatis[3]. Fructus carnosus v. suberosus, tarde septicidus. Semen arillatus[4]; embryone albuminoso[5]. — Arbores v. frutices glabri; foliis oppositis, integris v. crenulatis, penninerviis; stipulis interpetiolaribus, caducis; floribus[6] axillaribus cymosis v. solitariis. (*America trop. centr.*[7])

11. **Dactylopetalum** BENTH.[8] — Flores fere *Cassipoureæ*, 5-6-meri; calyce dentato. Petala basi longe angustata, apice lacera. Stamina 10, 2-seriata; oppositipetalis longioribus; v. 15, sub crenaturis disci[9] receptaculum intus vestientis inserta; filamentis in alabastro inflexis v. 2-plicatis; antheris introrsis, versatilibus. Germen plus minus complete 2-3-loculare[10]; ovulis in loculis 2; obturatore crasso. Fructus...?— Arbusculæ v. frutices; foliis oppositis integris coriaceis; stipulis parvis, caducis; floribus[11] axillaribus cymosis v. glomerulatis, nunc creberrimis, articulatis. Cætera *Cassipoureæ*. (*Africa trop. occ.*, *Madagascaria*[12].)

12? **Blepharistemma** WALL.[13] — « Flores polygamo-diœci (fere *Cassipoureæ*), 4-meri; calyce valvato. Petala 4, lacera staminaque 8 (*Cassipoureæ*). Germen liberum, basi contractum, 3-loculare; ovulis in loculis 2 cæterisque *Cassipoureæ*. — Frutex (?); foliis oppositis petiolatis sinuato-crenatis penninerviis; stipulis interpetiolaribus, caducis; cymis axillaribus breviter pedunculatis, ∞-floris. » (*India or.* [14])

1. *Guian.*, I, 529, t. 211.—J., *Gen.*, 432. —LAMK, *Dict.*, I, 653.— DC., *Prodr.*, III, 33 —ENDL., *Gen.*, n. 6104.— BENTH., in *Journ. Linn. Soc.*, III, 79. — H. BN, in *Adansonia*, III, 25, 38; in *Payer Fam. nat.*, 362. — B. H., *Gen.*, 682, n. 15.—*Tita* SCOP., *Introd.*, n. 967. —*Legnotis* Sw., *Prodr.*, 84; *Fl. ind. occ.*, 968, t. 17.
2. Disco cupulari exteriora.
3. Obturatore supra micropylen crassiusculo.
4. Lobis arilli lateraliter productis.
5. Nunc colorato.
6. Parvis v. majusculis, albis.
7. Spec. 2, 3. POIR., *Dict.*, Suppl., II, 131. — HOOK., *Icon.*, t. 280. — GRISEB., *Fl. brit. W.-Ind.*, 274.
8. In *Journ. Linn. Soc.*, III, 79. — H. BN, in *Adansonia*, III, 21, 35.— B. H., *Gen.*, 682, n. 14.
9. Lobis disci sæpius staminibus minoribus per paria interioribus; v. filamentis nunc basi cum marginibus disci continuis.
10. Stylo nunc tubuloso, ad apicem crassiore.
11. Albidis.
12. Spec. ad 3. TUL., in *Ann. sc. nat.*, sér. 4, VI, 123, n. 6 (*Cassipurea*). — OLIV., *Fl. trop. Afr.*, II, 411.
13. *Cat.*, n. 6320.—BENTH., in *Journ. Linn. Soc.*, III, 78. — B. H., *Gen.*, 684, n. 13.
14. Spec. 1. *B. corymbosum* WALL. — *Dryptopetalum membranaceum* MIQ., in exs. *Hohen.*, n. 713.

13? **Weihea** Spreng.[1] — Flores fere *Cassipoureæ*, 4-6-meri; staminibus 15-30. Germen basi lata receptaculo intus adnatum; loculis 3, 4, 2-ovulatis[2]. Fructus tarde septicidus[3]. Semina[4] albuminosa, embryo cæteraque *Cassipoureæ*. — Arbores v. frutices; foliis oppositis, integris v. serrulatis; floribus axillaribus, solitariis v. cymosis 3-∞[5]. Cætera *Cassipoureæ*[6]. (*Zeylania, Africa trop. occ., Madagascaria*[7].)

IV. ANISOPHYLLEÆ.

14. **Anisophyllea** R. Br. — Flores polygami; receptaculo concavo tubuloso. Calyx epigynus; foliolis 4, valvatis, demum erectis. Petala 4, alterna, cum sepalis inserta, integra emarginatave, sæpius 2-loba v. lacera. Stamina 8, 2-seriata et cum glandulis disci epigyni alternantia; filamentis subulatis compressis; antheris sæpe 2-dymis, intus 2-rimosis, nunc in staminibus oppositipetalis glanduliformibus (v. 0). Germen 4-loculare; loculis oppositipetalis, 1-ovulatis; stylis 4, distinctis, apice recurvis. Ovulum descendens; micropyle extrorsum supera. Fructus oblongus teres, sæpe costatus, drupaceus v. coriaceus, nudus v. (?) late 3-4-alatus, indehiscens; semine descendente; embryonis exalbuminosi carnosi radicula macropoda clavata; gemmulæ inferæ foliolis ∞, decussatis. — Arbores v. frutices glabri v. sericei; foliis distiche alternis, æqualibus omnibus v. sæpius alternis minutis stipuliformibus; alteris majoribus, basi æqualibus v. inæqualibus, basi 3-7-plinerviis, coriaceis (sæpe lutescentibus), exstipulatis; floribus axillaribus spicatis v. subracemosis, articulatis; bracteolis minutis v. 0. (*Asia trop., Malaisia, Malacassia, Africa trop. occ.*) — *Vid. p.* 292.

1. *Syst.*, II [1825], 559. — H. Bn, in *Adansonia*, III, 27, 38. — B. H., *Gen.*, 681, n. 11. — *Richiæia* Dup.-Th., *Gen. nov. mad.*, 25. — *Anstrutheria* Gardn., in *Calc. Journ. Nat. Hist.*, VI, 344, t. 4. — Benth., in *Journ. Linn. Soc.*, III, 70, 78.
2. Micropyle crasse obturata.
3. Carnosus; valvis crassis 3, 4.
4. Arillata; embryonis sæpius colorati (viriduli) radicula supera, apice subcapitata.
5. Floribus (ubi not.) albidis.
6. Gen. verisimiliter melius cum *Dactylostemone* ad sect. *Cassipoureæ* reducendum (?).
7. Spec. ad 9. DC., *Prodr.*, III, 34 (*Cassipourea*). — Benth., *Niger*, 341 (*Cassipourea*). — Tul., in *Ann. sc. nat.*, sér. 4, VI, 119, n. 1-5, 7 (*Cassipurca*). — Thw., *Enum. pl. Zeyl.*, 121 (*Anstrutheria*). — Oliv., *Fl. trop. Afr.*, II, 410. — Walp., *Ann.*, II, 173 (*Anstrutheria*); VII, 952 (*Cassipourea*).

www.ingramcontent.com/pod-product-compliance
Ingram Content Group UK Ltd.
Pitfield, Milton Keynes, MK11 3LW, UK
UKHW022124190726
13855UKWH00003B/1031

9 782012 959644